彩图 1　西餐灶

彩图 2　平扒炉

彩图 3　铁扒炉

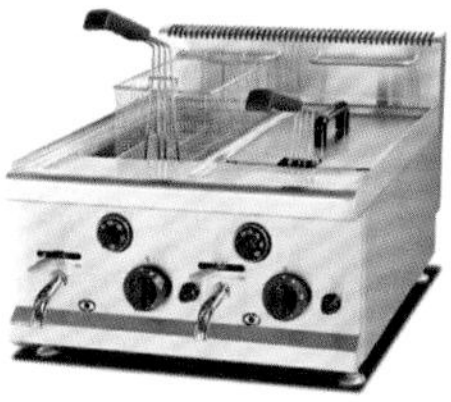

彩图 4　深油炸灶

彩图 5　蒸汽汤炉

彩图 6　电烤箱

彩图 8　烤炉

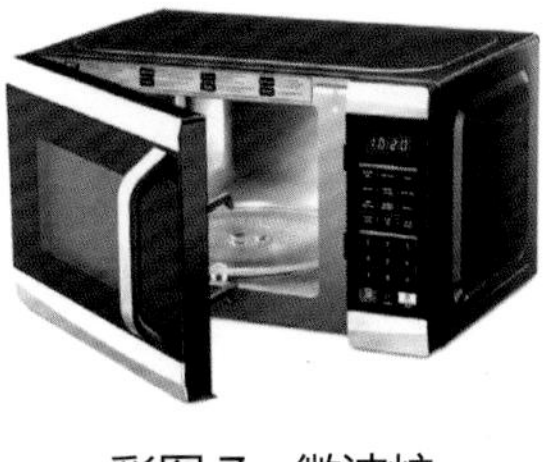

彩图 7　微波炉

彩图 9　多功能蒸烤箱

彩图 10　冷藏设备

彩图 11　制冰机

彩图 12　冰激凌机

彩图 13　热汤池

彩图 14　红外线保温灯

彩图 15　保温车

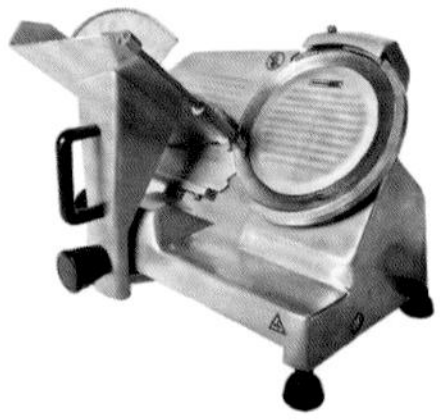
彩图 17　切肉片机

彩图 16　粉碎机

彩图 18　搅拌机

彩图 19　醒发箱

彩图 20　和面机

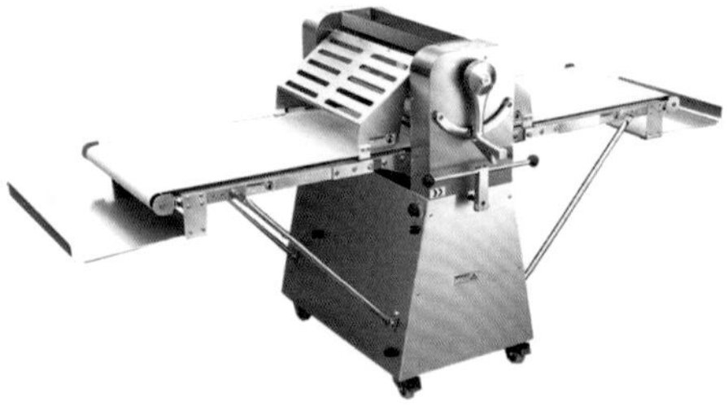
彩图 21　擀面机

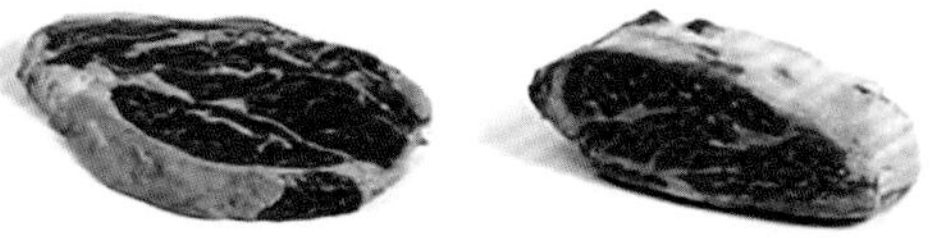

彩图 22　平铁牛排

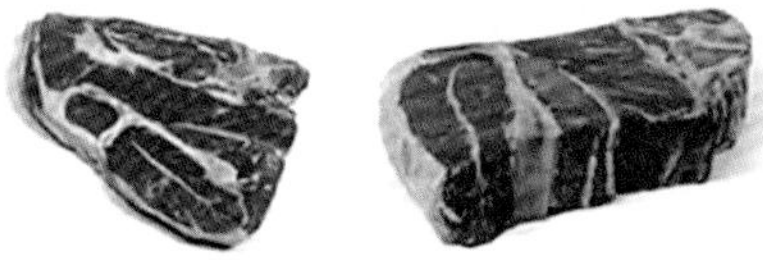

彩图 23　肩胛肉排

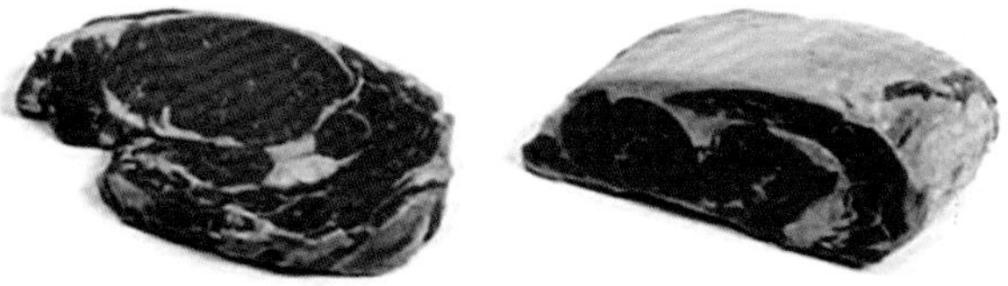

彩图 24　肋眼牛排

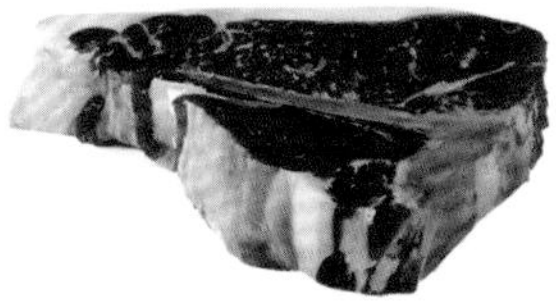

彩图 25　T 骨牛排

彩图 26　菲力牛排

彩图 27　西冷牛排

彩图 28　臀肉牛排

彩图 29　七骨羊排

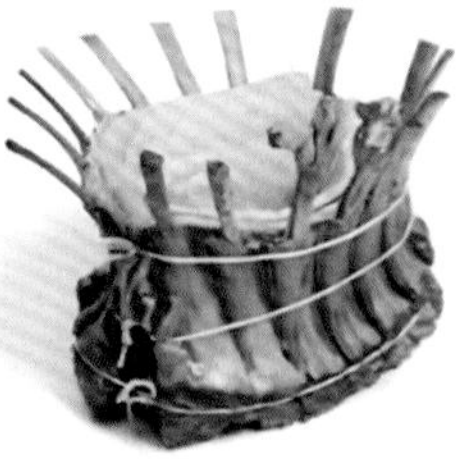

彩图 30　皇冠羊排

彩图 31　羊马鞍

彩图 32　马鞍羊排

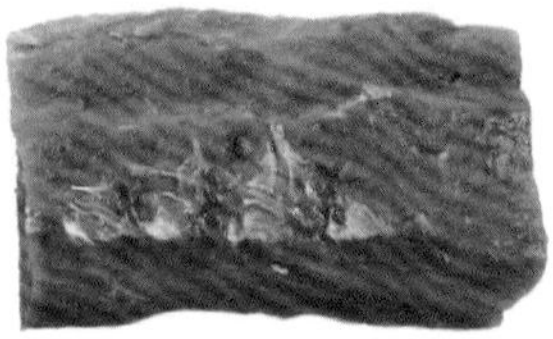

彩图 33　猪外脊

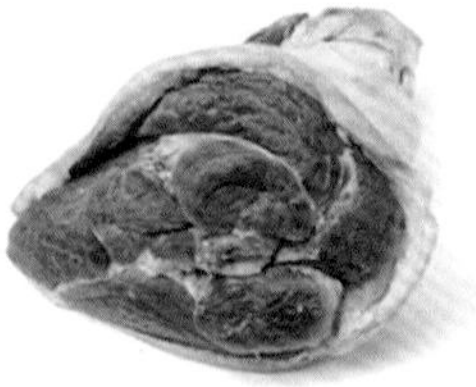

彩图 34　猪肘子

彩图 35　猪排

彩图 36　带骨大排

彩图 37　法式炸薯条

彩图 38　奶酪焗土豆泥

彩图 39　公爵夫人土豆

彩图 40　奶酪白汁焗西蓝花

彩图 41　维希胡萝卜

彩图 42　马乃司沙司

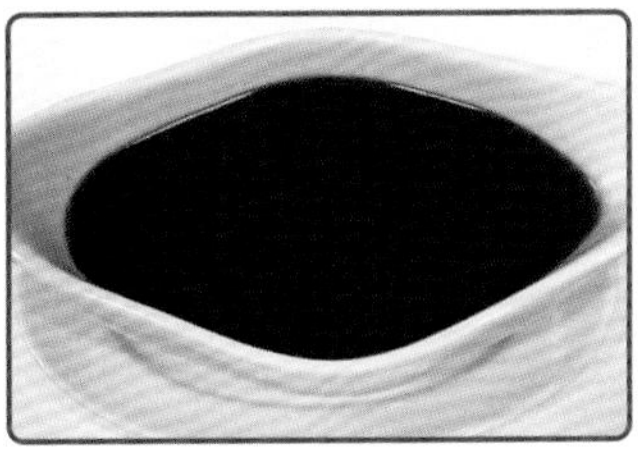

彩图 43　布朗沙司

彩图 44　白沙司

彩图 45　番茄沙司

彩图 46　鸡清汤

彩图 47　菜丝清汤

彩图 48　奶油蘑菇汤

彩图 49　奶油胡萝卜泥汤

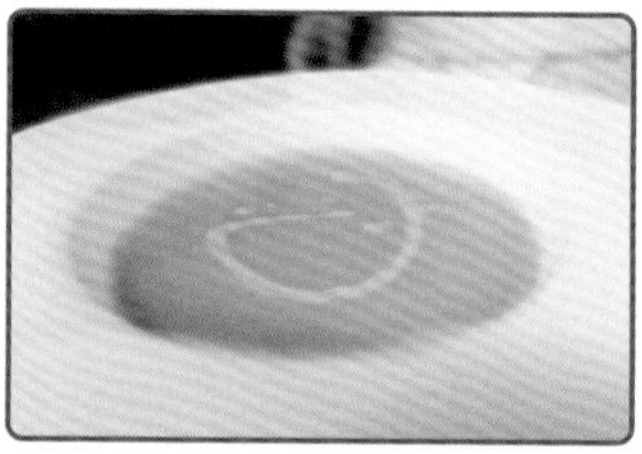

彩图 50　土豆泥汤

彩图 51　南瓜浓汤

彩图 52　胡萝卜浓汤

彩图 53　罗宋汤

彩图 54　法式洋葱汤

彩图 55　农夫蔬菜汤

彩图 56　明虾开那批

彩图 57　鲜虾青豆沙拉

彩图 58　酥炸香蕉

彩图 59　西班牙炒蘑菇

彩图 60　香煎法式小牛排

彩图 61　香煎大虾

彩图 62　煎土豆泥饼

彩图 63　煎鱼排

彩图 64　米兰猪排

彩图 65　红烩牛肉

彩图 66　带壳水煮蛋

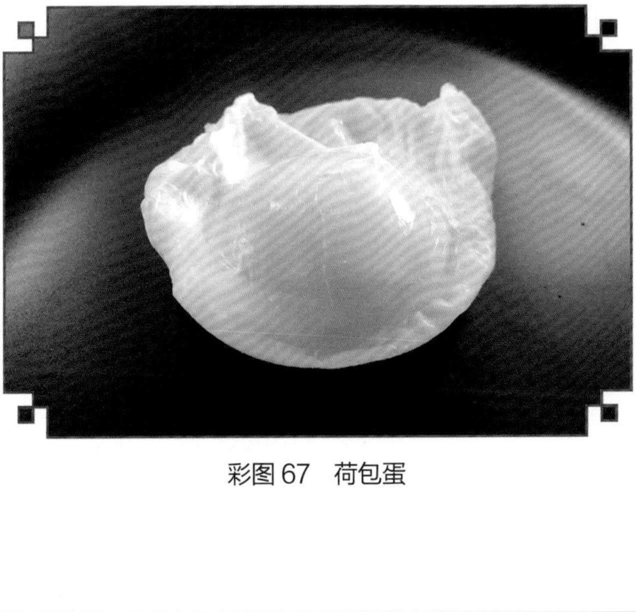

彩图 67　荷包蛋

彩图 68　炒鸡蛋

彩图 69　煎蛋

彩图 70　煎蛋卷

彩图 71　煎土豆饼

彩图 72　火腿三明治

彩图 73　牛柳汉堡包

彩图 74　鸡腿汉堡包

彩图 75　夏威夷比萨

彩图 76　海鲜比萨

彩图 77　肉酱意面

彩图 78　米兰式通心粉

彩图 79　热狗

职业教育“十四五”规划烹饪专业系列教材

西式烹调技术

主　编　汪洪波　李浩莹　孟繁宇

副主编　田伟强　王海滨　郭　爽

参　编　杨春雨　薛海芳　张贺男

李　东　杨东升

中国财富出版社有限公司

图书在版编目（CIP）数据

西式烹调技术/汪洪波，李浩莹，孟繁宇主编．—北京：中国财富出版社有限公司，2022.9

（职业教育“十四五”规划烹饪专业系列教材）

ISBN 978-7-5047-7756-0

I. ①西…　II. ①汪…②李…③孟…　III. ①西式菜肴—烹饪—职业教育—教材　IV. ① TS972.118

中国版本图书馆 CIP 数据核字（2022）第 158840 号

策划编辑	谷秀莉	**责任编辑**	邢有涛　郭怡君	**版权编辑**	李　洋
责任印制	尚立业	**责任校对**	孙丽丽	**责任发行**	杨　江

出版发行	中国财富出版社有限公司		
社　　址	北京市丰台区南四环西路 188 号 5 区 20 楼	**邮政编码**	100070
电　　话	010-52227588 转 2098（发行部）		010-52227588 转 321（总编室）
	010-52227566（24 小时读者服务）		010-52227588 转 305（质检部）
网　　址	http：//www.cfpress.com.cn	**排　　版**	宝蕾元
经　　销	新华书店	**印　　刷**	宝蕾元仁浩（天津）印刷有限公司
书　　号	ISBN 978-7-5047-7756-0/TS・0120		
开　　本	787mm×1092mm　1/16	**版　　次**	2022 年 12 月第 1 版
印　　张	11.5　　**彩　　插**　0.5	**印　　次**	2022 年 12 月第 1 次印刷
字　　数	256 千字	**定　　价**	42.00 元

职业教育“十四五”规划烹饪专业系列教材

编写委员会

主任委员	汪洪波	马福林			
副主任委员	曹清春	田伟强	杨春雨	张继雨	张廷艳
	郭　爽	王成贵	荣　明	林　峰	葛小琴
主要委员	石　光	李浩莹	孟繁宇	刘立军	柳天兴
	王海滨	耿晓春	祝春雷	张贺男	张诗雨
	杨东升	钱禹成	李　东	宋　鹤	薛海芳
	孙丽萌	张丽影	邱长志	李　影	刘　颖
	白　鹏	常子龙	杜金平	高宏伟	侯延安
	胡　平	李泽天	王　萍	王子桢	闫　磊
	杨　敏	杨　旭	于　鑫	张　佳	庄彩霞
	陈文慧				

前　言

根据2019年国务院印发的《国家职业教育改革实施方案》的指示精神，为落实“中国特色高水平高职学校和专业建设计划”以及深化《职业教育提质培优行动计划（2020—2023年）》的具体要求，以培养学生的职业能力为导向，为加强烹饪示范专业及精品课程建设，促进中等职业教育的快速发展，提高烹饪专业人才的技能水平，对接职业标准和岗位规范，优化课程结构，特编写此书。

改革开放以来，伴随人们生活水平的不断提高和中国餐饮业的迅猛发展，我国的烹饪教育也越来越为人们所重视，很多中职、技工院校都相继开设了烹饪专业，其教学目标主要是为社会培养一大批懂理论、技能扎实、能够满足人民日益提高的饮食要求的烹饪专业人才，因此，西式烹调技术在烹饪专业教学中越来越受到重视。

本教材的编写有如下几方面的特色：

一、创新。以职业能力为本位，以学生为中心，以应用为目的，以必需、够用为度，满足职业岗位的需要，与相应的职业资格标准或行业技术等级标准接轨。本书的编写还解决了学生在以往西式烹调技术学习中缺少理论教材可参考的困难。

二、知识面广。教材详细介绍了西式烹调涉及的相关技法及应用实例，更介绍了西式烹调常用的原料、设备、工具及其适用范围，配备了精美的图片，使学生能够更好地了解行业发展前沿，提高学生的学习兴趣，拓宽学生的知识面。

三、教材体系完整，框架结构清楚。本教材由西餐概述、西餐厨房概述、西餐原料加工工艺、西餐配菜制作工艺、西餐沙司制作工艺、西餐汤类制作工艺、西餐冷菜制作工艺、西餐热菜制作工艺、西式早餐与快餐九个项目组成，每个项目都包括学习目标、训练任务、复习思考题等内容，实操性强的项目还配有大量的实训案例，其中穿插了图片示意等内容，除此之外，附录还收录了常见的专业术语中英文对照表。教材体现了知识由点到面的特色，体系完整，框架结构清楚，易于为学生接受。

四、配有多媒体资料，方便师生学习使用。电子书、教学PPT以二维码的形式出现在书中，供师生扫描观看。同时，我们还将不断丰富、完善这些多媒体资料。

本书是中高职烹饪专业学生用书，也是国家高技能人才培训基地（烹饪专业）配套教材，更是烹饪从业者和爱好者的必备手册。

本书编写中查阅了大量的相关资料，并得到了有关部门和学校领导的大力支持，在此一并表示感谢。

由于编写时间仓促，加之编者水平有限，书中尚有疏漏和不妥之处，敬请广大专家及同行不吝赐教，以便再版时修订完善。

编者

2022年6月

目　录

项目一　西餐概述

学习目标

- 了解西餐的概念、起源及发展概况
- 了解西餐的菜式及特点
- 了解西餐的组成及工艺特点
- 了解学习西餐工艺的意义和基本要求

看电子书　　看PPT

任务一　西餐的概念、起源及发展概况

一、西餐的概念

西餐是欧美国家尤其是以法、英、美、德、意、俄等为代表的国家餐饮的总称。国家和地区之间由于社会经济、气候、地理条件的不同，以及政治、历史和人文状况的差异，必然会形成各自独特的烹饪方法和饮食习惯，欧美各国也不例外。

就西方各个国家来讲，每个国家都有各自的饮食特点，法国菜鲜浓香醇、英国菜清淡爽口、意大利菜原汁原味……所以法国人认为他们做的是法国菜，英国人认为他们做的是英国菜，意大利人认为他们做的是意大利菜……并无“西餐”这一概念。但是由于这些国家的地理位置较近，历史渊源很深，在文化和生活习惯上有着千丝万缕的联系，南、北美洲和大洋洲的文化也与欧洲文化一脉相承，因此西方国家和地区在饮食习惯及菜肴制法上有许多相通之处。我国和部分东亚国家和地区的人将这些大体相同而又与东方饮食迥然不同的西方饮食统称为“西餐”。

随着社会的发展，“西餐”的概念又有了新的内涵。现代西餐是指根据西餐的基本制作方法，融入世界各地文化、技术与配方，使用当地特有原料制成的、拥有一定知名度的菜肴。

近几年，随着东西方文化的相互碰撞、渗透与交融，东方人逐渐了解了西餐中各个菜式的特点，开始区分不同国家的菜肴，对应地开设法式餐厅、意式餐厅等，“西餐”的概念趋于淡化，但西方餐饮文化作为一个整体概念还将继续存在。

二、西餐的起源与发展概况

与中餐一样，西餐也有其悠久的历史，有产生、兴旺、衰退、再兴旺的发展过程。作为一名现代西餐从业人员，有必要对它的起源和发展进行了解、研究，这对提高我们的西式烹调技艺和餐饮服务水平，认识西方饮食文化，继承和发展前人开拓的事业，有很大的帮助。

为了便于阐述西餐的起源及发展概况，习惯上将西餐的发展过程分为三个阶段：古代的西餐、中世纪的西餐、近代和现代的西餐。

（一）古代的西餐

尼罗河不仅给其下游带来了充沛的水源和肥沃的土地，更给这里带来了生机和繁荣，古埃及人逐渐在这里定居下来，依靠集体的力量，开渠筑坝，引水灌溉，种植庄稼。优越的地理位置，为社会发展提供了前提条件。约公元前3500年到前3100年，随着私有制的确立和阶级的形成，埃及出现了国家，经早王朝时期、古王国时期、中王国时期等的发展，埃及创造了灿烂的文明。许多出土文物证明，埃及法老的餐桌上已经出现了奶、葡萄酒、面包、蛋糕等。

公元前2000年，希腊爱琴海地区进入中、晚期青铜时代，先在克里特岛后在希腊半岛出现了最早的文明和国家。克里特文化受古埃及文化的影响，再加上克里特岛东部平原适于农耕，橄榄油和葡萄酒是其出产的大宗，古希腊人的日常食物已经有牛肉、羊肉、鱼类、奶酪及各式面包等。

一般认为，公元前753年，古罗马人建立罗马城。在军事胜利的同时，罗马的经济也维持了两个世纪的鼎盛时期。罗马的贸易范围非常广，远至阿拉伯、印度、中国等，其手工业和农业发展也很快。在烹饪方面，由于受希腊文化的影响，古罗马宫廷膳食的分工很细，由面包、菜肴、果品、葡萄酒4个部分组成，厨师主管的身份与贵族大臣相同。当时已经有了诸如素油、柠檬、胡椒粉、芥末等调味品。此外，古罗马人还制作了最早的奶酪蛋糕。在哈德良皇帝统治时期，罗马帝国在帕兰丁山建立了厨师学校，用以传播烹饪技术。

（二）中世纪的西餐

提到欧洲中世纪，人们会联想到盔甲华丽的骑士、奢侈的酒宴、流浪的游吟诗人、领主、女皇、主教、僧侣、信徒和壮观而神秘的城堡。由于宗教的繁荣和骑士小说的流行，人们对中世纪的印象多是传奇、宗教信仰和浪漫英雄主义，但实际上，大约自公元5世纪到15世纪这段被称为“中世纪”的时期，是欧洲历史上最黑暗的时代，是西方古代文化和近现代文化两个高峰之间的低谷。

西餐的发展是不平衡的。一方面，由于罗马帝国的没落和外族的入侵，原有的西餐发展势头遭到遏制。另一方面，不间断的战争促使了西餐原料、烹调方法、生活习惯的交融。1066年，征服者威廉踏上了英国的土地，从此英国人民在生活习惯、语言和烹调方法等方面长期受到法国人的影响。英语中的小牛肉（Veal）、牛肉（Beef）和猪肉（Pork）等词就是从法语中演变过来的。同时，法国人复杂多变的烹调方法改变了英国人长期单一的烹调方法。而后意大利的饮食文化也发生了较大改变，主要表现为出现了新的香料、烹调方法、果菜品种等。再加上王公贵族对饮食的追求，促使西餐不断发展出新菜式，从而也促进了西餐的发展。

（三）近代和现代的西餐

欧洲文艺复兴后期，意大利烹饪几乎具备了现在意大利菜的所有要素，尤其是所使用的材料，包含了世界各国的食品原料。意大利菜发展成熟。同时，法国菜也受到了意大利菜的影响。在1533年，意大利佛罗伦萨城美第奇家族的凯瑟琳嫁给了法国当时的亨利王子，即后来的亨利二世。其陪嫁人员中有很多意大利名厨，他们带来了当时意大利菜中最佳的烹调方法。除此之外，凯瑟琳还将意大利的餐桌礼仪介绍给法国的贵夫人，丰富了法国贵族的社交生活，其风范也被英国的伊丽莎白一世效仿。1600年，法国的亨利四世又娶了美第奇家族的玛丽，使得凯瑟琳的风范得以延续到路易十三时期。具有“太阳王”之称的路易十四非常讲究就餐的仪式与排场，每次宴会都有“仪式与庆祝”的程序。另外，他针对凡尔赛宫的厨师和侍膳人员举办烹饪比赛，对技艺超群者赐予Cordon Bleu奖章，此项比赛延续至今。此后的路易十五、路易十六也都讲究饮食，法国也因此名厨迭出，厨师也成为一种高尚且具有艺术性的职业。这也刺激了西餐的快速发展。法国大革命后，封建体制瓦解，皇室贵族制度崩溃，一些宫廷名厨只好另谋出路，或做家厨或开餐馆营业，原来的宫廷美食与民间饮食结合，开创了法国菜的新纪元，标志着西餐发展到一个新阶段。19世纪中叶，法国名厨奥古斯特·埃斯科菲耶将法国菜系统化地整理成一本烹饪指南，使法国菜享誉国际，这本指南也成为国际美食经典。

现代的西餐中，西式正餐与西式快餐并存，西餐制作无论是在理论上还是在技术上都已经发展成熟，一方面，新的烹饪设备不断更新，新的烹饪方法不断发明，新的烹饪原料不断被使用；另一方面，营养学与微生物学的问世，使现代西餐更科学、合理。以上种种因素表明，现代西餐已经具有了用料精选、工艺独特、设备考究、就餐别致、营养卫生的特点。

三、西餐在我国的传播与发展

西餐在我国的传播和发展，大致经历了以下几个阶段：

（一）17世纪中叶以前

西餐在我国有着悠久的历史，它是伴随着我国和世界各国的交往而发展的，但西餐到底何时传入我国，至今还未有定论。据史料记载，在汉代，波斯古国和西亚各地的灿烂文化通过“丝绸之路”传到中国，其中就包括膳食。13世纪，意大利著名学者马可·波罗在我国居住数十年，为中西交流贡献了毕生精力，他也曾将某些菜肴的制作方法传到中国，但没有形成规模。在漫长的封建社会时期，中西方的交往十分有限，但一些物产如西方的芹菜、胡萝卜、葡萄酒等还是陆续传入我国。

（二）17世纪中叶—19世纪初

17世纪中叶，西欧一些国家开始出现资本主义，一些商人为了寻找商品市场，陆续来到我国广州等沿海地区通商，一些传教士先后到我国部分城镇进行传教等文化渗透活动。同时，他们也带来了西方的生活方式和一些菜肴制作方法。例如，清代乾隆年间，袁枚曾在粤东杨中丞家中吃过“西洋饼”。但当时我国的西餐行业还没有形成。

（三）19世纪中叶—20世纪三四十年代

1840年鸦片战争以后，西方列强用武力打开了中国的门户，争相划分势力范围，他们同清政府签订的一系列不平等条约，使来华的西方人与日俱增，西方的烹饪技艺也因此带入中国。

清代光绪年间，在外国人较多的上海、北京、天津、广州、哈尔滨等地，出现了以营利为目的的“番菜馆”和咖啡厅、面包房等。从此，我国有了西餐行业。《清稗类钞》云：“国人食西式之饭，曰西餐，一曰大餐，一曰番菜，一曰大菜。席具刀、叉、瓢三事，不设箸。光绪朝，都会商埠已有之。至宣统时尤为盛行。”《清稗类钞》中另有记载：“我国之设肆售西餐者，始于上海福州路之一品香……当时人鲜过问，其后渐有趋之者，于是有海天春、一家春、江南春、万长春、吉祥春等继起，且分堂设座焉。”北京也较早开设西餐馆，先是有“六国饭店”，后建有“醉琼林”和“裕珍园”等西餐馆。在西餐传入的过程中，值得重视的是《造洋饭书》的出版。此书为美国传教士高第丕夫人所编著，于同治五年（1866年）在上海出版。该书序言用英文撰写，内容用中文撰写，是为来华的传教士及西方人培训西餐厨房人员而编写的。此后，1917年出版了由中国人撰写的《烹饪一斑》。此外，李公耳的《西餐烹饪秘诀》、王言纶的《家事实习宝鉴》（第二编饮食论），以及《治家全书》（卷十烹饪篇）等，都是这一时期中国人普及西餐知识的代表性书籍。

在中国饮食文化史上，19世纪中叶到20世纪三四十年代是西方饮食文化大规模传入的时期，20世纪二三十年代西餐在我国传播最快。

（四）中华人民共和国成立至今

在我国，西餐几经盛衰。中华人民共和国成立前夕，西餐业从业人员所剩无几。中华人民共和国诞生后，历史赋予西餐行业新的生命。随着中国国际地位的提高，世界各国与我国的友好往来日益频繁，经营西餐的餐厅、饭店由此得以发展。由于当时我国与以苏联为首的东欧国家交往密切，因此20世纪50年代到60年代我国的西餐以俄式菜发展为快。

20世纪80年代，随着西式快餐企业涌入中国，西餐开始渗入中国的各个城市，其中不少饭店系中外合资或外商独资企业，聘用了不少外国厨师，引进了不少新设备和新技术。

任务二　西餐的菜式及特点

西方各国有不同的疆域、人口、气候、地理、物产、饮食文化和口味等，在西餐长期发展过程中，各国在菜点制作上形成了自己的特点，产生了很多菜式，如法国菜、意大利菜、英国菜、美国菜、俄罗斯菜、德国菜、西班牙菜、希腊菜、澳大利亚菜等。目前世界上比较流行的菜式主要有法国菜、意大利菜、英国菜、美国菜、俄罗斯菜等。

整体上，西餐的主要特点有：

（1）以刀、叉、匙为主要进食工具。

（2）在烹饪方法和菜点风味上充分体现了欧美特色。

（3）在服务方式、就餐习惯和情调上充分反映了欧美文化。

一、法国菜

（一）概况

法国位于欧洲西部，本土呈六边形，三面临水，与德国、意大利、西班牙、安道尔、比利时、卢森堡、瑞士、摩纳哥接壤。其西部属温带海洋性气候，南部属亚热带地中海气候，中部和东部属大陆性气候。优越的地理环境使法国的农牧业很发达，粮食和肉类除自给自足外还部分出口。此外，法国的葡萄酒及奶酪也举世闻名。

很长时间以来，法国饮食在国际上尤其是欧洲食坛占主导地位。随着亨利二世和亨利四世相继与意大利联姻，意大利的烹调技术和饮食礼仪在法国得以发展。法国大革命使法国社会政治、经济发生巨变，豪门贵族的厨师不得不受雇于餐馆。他们以烹调技巧相互竞争，从而名厨辈出。20世纪60年代，法国部分有威望的厨师掀起了新式烹饪的潮流，提出“自由烹饪菜”的号召，法国菜烹调技艺再次有所改进。

（二）主要特点

1.烹调讲究方法，注重火候运用

在烹调法国菜的过程中，火候占了非常重要的一环。牛肉、羊肉通常烹调至六七分熟即可，海鲜烹调需熟度适当，不可过熟，甚至有许多菜是生吃的，如各式海鲜生食小吃。另外，在酱料（沙司）的制作上，要求精细、运用灵活。常用的烹调方法有烤、煎、烩、焖、焗等；菜肴偏重肥、浓、酥、烂；口味以咸、甜、酒香为主。

2.选料十分广泛

法国菜的选料十分广泛，蜗牛、块状菌类、动物内脏等西餐中不常见的原料在法国菜中出现较多。常见原料有牛肉、海鲜、蔬菜及鱼子酱等；配料多为酒、牛油、鲜奶油及各式香料。

3.重视酒的应用，擅长使用香料

法国人用膳时，对饮酒也十分讲究，要求吃哪种菜配哪种酒，最高的规格是，吃哪一种菜，要用哪一家酿酒厂哪个年份酿造的哪个名称的酒。一般情况下，吃菜前要先喝一杯味美思酒或威士忌，吃鱼时要饮干白葡萄酒，吃红肉时要伴饮红葡萄酒等。

与配膳用酒一样，调味用酒也有严格的规定。如烹调水产品常用干白或白兰地酒；烹调成年牛肉及羊肉常用马德拉酒（Madeira）等红酒；制作西点一般用朗姆酒（Rum）等。

除了酒，法国菜还要加入各种香料，以增加菜肴的香味，如蒜（Garlic）、欧芹（Parsley）、迷迭香（Rosemary）、他拉根香草（Tarragon）、百里香（Thyme）、八角（Star Anise）、鼠尾草（Sage）等。各种香料都有其独特的香味，放入菜肴可以形成不同的风味。法国菜对香料的运用也有严格的规定，什么菜放什么样的香料，放多少，一般都有固定的比例。可以说，酒和香料是法国菜的两大特色。

4.配菜十分丰富，菜肴名品迭出

法国菜对菜肴的烹调也十分讲究。每种菜肴的配菜不能少于两种，而且要求烹饪技法多样，仅土豆就有几十种做法。另外，法国菜中有很多名品原料，如鹅肝、黑菌（松露）、鱼子酱，它们被称为世界三大美食。

法国的名菜很多，如鹅肝酱、焗蜗牛、牡蛎杯、洋葱汤等，著名的地方菜有奶油鲮鱼、鲁昂鸭、普罗旺斯鱼汤等。

二、意大利菜

（一）概况

意大利位于欧洲南部，包括亚平宁半岛以及西西里岛、撒丁岛等岛屿。北以阿尔卑斯山为屏障，与法国、瑞士、奥地利和斯洛文尼亚接壤，东、南、西三面临地中海，其国内大部分地区属亚热带地中海式气候。意大利是世界传统农业大国和农业强国，橄榄油、葡萄酒、番茄酱等产品享誉世界。

意大利菜与法国菜齐名，是当今西餐的主流。意大利是一个濒临海洋的国度，其国人饮食以海鲜为主，多采用烧烤、蒸或者水煮等方法进行烹调，以保持材料原有的鲜味。由于意大利南北狭长，因此南北的地理、气候差别很大，自然而然形成了两种烹调特色，其北部菜肴多用奶油等乳制品，味道浓郁，其南部菜肴则多用番茄酱、辣椒以及橄榄油，味道丰富。

（二）主要特点

1.烹调方法多样，菜肴原汁原味

意大利菜以原汁原味、味浓香烂闻名，烹调上以炒、煎、炸、焖等方法为主，常将面条、米饭入菜，而将其不作为主食。

2.面食品种丰富

意大利的面食有各种不同的形状，螺旋、贝壳等，佐以不同的沙司，口味异常丰富。

典型的代表菜肴有意大利菜汤、焗菠菜面条、奶酪焗通心粉、佛罗伦萨式焗鱼、罗马炸鸡等。

三、英国菜

（一）概况

英国是位于欧洲西部的岛国，由大不列颠岛（包括英格兰、苏格兰、威尔士）、爱尔兰岛东北部和一些小岛组成，隔北海、多佛尔海峡、英吉利海峡与欧洲大陆相望。英国属海洋性温带阔叶林气候，终年温和湿润。

罗马帝国曾占领过英国，影响了英国的早期文化，其中也包括饮食文化。1066年以诺曼底公爵威廉为首的法国封建主征服英格兰，建立了诺曼底王朝，又带来了法国和意大利的饮食文化，因此英国菜在烹调上多少受到外来的影响。不过，英国本身是个历史、文化悠久的国家，在饮食上保留了部分传统的饮食习惯及烹调技巧。

英国早餐很丰盛，一般有各种蛋品、燕麦粥、培根、火腿、香肠、黄油、果酱、面包、牛奶、果汁、咖啡等，深受西方各国欢迎。另外，英国人有在下午三点左右吃茶点的习惯，一般是一杯红茶或咖啡配一份点心。英国人把喝茶当作一种享受，也当作一种社交方式。

（二）主要特点

1. 口味清淡

英国菜口味清淡、油少不腻，但餐桌上的调味品种类很多，客人可以根据自己的喜好调味。在调味料的使用上，多数英国人喜好奶油及酒类；在香料上则喜好肉蔻、肉桂等。

2. 烹调简单

英国菜的制作比较简单，多用烩、烧烤、煎和油炸等烹饪方法。肉类、禽类等大多整只或大块烹制。英国人喜欢狩猎，在一年只有一次的狩猎期中，许多饭店或餐厅会推出野味餐，如以野鹿（Venison）、野兔（Hare）、雉鸡（Pheasant）、野山羊（Wild Sheep）等为食材进行菜肴烹制。烹调野味时，一般会采用杜松子酒或浆果酒去除膻腥味。

英式菜肴的名菜有鸡丁沙拉（Diced Chicken Salad）、烤大虾舒芙蕾（Shrimp Souffle）、薯烩羊肉（Lamb Stew with Potatoes）、烤羊马鞍（Roasted Saddle of Lamb）、冬至布丁（Winter Pudding）、百果馅饼（Mince Pie）、牛肉腰子派（Steak and Kidney Pie）、炸鱼排（Classic Fish Chop）、皇家奶油鸡（Chicken a la King）等。

四、美国菜

（一）概况

美国是典型的移民国家，位于北美洲中部，领土还包括北美洲西北部的阿拉斯加和太平洋中部的夏威夷群岛，北与加拿大接壤，南靠墨西哥湾，西临太平洋，东濒大西洋。

美国原为印第安人聚居地。15世纪末西班牙、荷兰、法国、英国等开始向北美移民，他们把原居住地的生活习惯、烹调技艺带到了美国，所以美国菜可称得上是东西交汇、南北合流。由于大部分美国人是英国移民的后裔，且美国曾受英国统治，因此美国菜继承了英国菜简单、清淡的特点，并在此基础上发展而来。目前美国菜大致可分为三个流派，一是以加利福尼亚州为主的带有都市风格的派系；二是以英格兰移民为主的派系，保留了英国传统的菜点，又增加了一些美国的新品种；三是以得克萨斯州为主的墨西哥派系，此派系受南美洲的影响很大，不少菜肴带有辣味，味道浓烈。

（二）主要特点

1. 口味清淡，烹法独特

美国菜总体上口味清淡，多铁扒类的菜肴。

2. 常用水果做主要原料

美国盛产水果，除了生食之外，美国人还常常用其来制作水果沙拉，或将水果作为配料烹制菜肴，这类菜如菠萝灼火腿、菜果烤鸭。

3. 讲究营养，注重快餐

美国人对饮食的要求是科学、营养，讲求效率和方便，一般不在食物是否精美、细致上下功夫。早餐多为烤面包、麦片及咖啡，或牛奶、煎薄饼等。午餐内容也比较简单，常常是三明治、汉堡包，再加一杯饮料。晚餐是美国人较为注重的一餐，吃食丰富很多，主菜有牛排、炸鸡、火腿等，再加上蔬菜，配有米饭或面条等。美式菜肴的名菜有烤火鸡、橘子烧野鸭、美式牛扒、苹果沙拉、糖酱煎饼等。

五、俄罗斯菜

（一）概况

俄罗斯联邦简称俄罗斯，是世界上国土面积最大的国家，地域跨越欧、亚两个大洲。俄罗斯与以下几个国家接壤：挪威、芬兰、爱沙尼亚、拉脱维亚、白俄罗斯、立陶宛、波兰、乌克兰、格鲁吉亚、阿塞拜疆、哈萨克斯坦、中国、蒙古国和朝鲜。

（二）主要特点

1. 注重小吃，擅长汤菜

俄式小吃品种繁多、花样齐全、风味独特，主要品种有鱼子酱、酸黄瓜、冷酸鱼等。同时，俄罗斯人还擅长做汤菜，品种多达几十种。典型的俄罗斯菜有鱼子酱、莫斯科红菜汤、莫斯科烤鱼、黄油鸡卷、红烩牛肉等。

2. 口味浓郁，烹法齐全

俄罗斯传统菜一般油较大，口味也较重，酸、甜、咸、辣各味俱全，烹调方法以烤、焖、煎、炸、烩、熏见长。

任务三　西餐的组成及工艺特点

在西餐中，套餐是很常见的形式。不论是在餐馆还是在家中，西餐均实行严格的分餐制，因此上菜顺序及上菜方法有固定的程序，西餐从业者必须熟悉并遵循这些程序。

在大多数欧美国家，套餐上菜顺序是：开胃菜（Appetizer）—汤（Soup）—副菜—主菜（Main Course）—蔬菜（沙拉）—甜品（Dessert）—热饮。在一些国家，套餐的上菜顺序略有变化。

一、西餐的组成

（一）开胃菜

开胃菜也称头盘，其目的是促进食欲。开胃菜不是主菜，即使将其省略，对正餐菜肴的完整性以及搭配的合理性也不会产生影响。

开胃菜的特点是量少而精，味道独特，色彩与餐具搭配和谐，装盘方法别致。开胃菜的内容主要包括冷菜，如开那批（Canapé）类开胃菜、鸡尾杯（Cocktail）类开胃菜、鱼子酱（Caviar）开胃菜、批类（Pate）开胃菜、沙拉类（Salad）开胃菜等，以及少量热菜，如焗蜗牛（Baked Snails）、烙蛤蜊（Baked Clams）等。

（二）汤

西餐中，汤也主要起开胃的作用。汤分为清汤、浓汤、特殊风味汤三大类。清汤有冷、热之分；浓汤有奶油汤、蔬菜汤、菜泥汤等；特殊风味汤有洋葱汤、罗宋汤等。

（三）副菜

通常水产类菜肴与蛋类、面包类、酥盒菜肴被称为副菜，其中，水产类菜肴种类很多，品种包括各种淡水、海水鱼类以及贝类等，这些菜肴鲜嫩、易消化，因此放在其他肉类菜肴的前面。西餐吃鱼讲究使用专用的调味汁，如鞑靼汁、荷兰汁、酒店汁、白奶油汁、大主教汁、美国汁和水手鱼汁等。

（四）主菜

1. 畜肉类菜肴

畜肉类菜肴的原料为牛、羊、猪等各个部位的肉，其中最有代表性的是牛肉或牛排。牛排按其部位可分为西冷牛排（Sirloin Steak）、菲力牛排（Tenderloin Steak）、T骨牛排（T-bone Steak）、肋眼牛排（Ribeye Steak）等。其烹调方法有烤、煎、铁扒等。肉类菜肴配用的调味汁主要有西班牙汁、蘑菇汁、白尼斯汁等。

2. 禽类菜肴

禽类菜肴的原料一般取自鸡、鸭、鹅，但通常将兔肉、鹿肉等野味也归入禽类菜肴。禽类菜肴品种最多的是由鸡（山鸡、火鸡、竹鸡等）制成的。烹调方法有煮、炸、烤、焖等，主要的调味汁有黄肉汁、咖喱汁、奶油汁等。

（五）蔬菜（沙拉）

蔬菜类菜肴一般安排在主菜之后，也可以与主菜同时上桌。蔬菜类菜肴在西餐中称为沙拉（Salad）。与主菜同时供食的沙拉，称为生蔬菜沙拉，一般用生菜、番茄、黄瓜、芦笋等制作。

沙拉的主要调味汁有油醋汁、法汁、千岛汁、奶酪沙拉汁等。除了蔬菜沙拉之外，还有一类沙拉是用鱼、肉、蛋制作的，这类沙拉一般不加调味汁，在进餐顺序上可以作为头盘。

还有一些蔬菜是熟食的，如花椰菜、菠菜、土豆等。熟食的蔬菜通常与主菜的肉食类菜肴一同摆放在餐盘中上桌，称之为配菜。

（六）甜品

甜品主要由糖等制作，如布丁、冰激凌、水果等。

（七）热饮

热饮通常被视为一次用餐结束的标志，在一些非正式场合，热饮常被包含在甜品里，常见的热饮有红茶、意式浓缩咖啡等。

二、西餐工艺的特点

（一）设备工具先进

西餐工艺使用的厨房设备高效耐用、安全卫生，如微波炉、电磁炉、可调节性电油锅、万能蒸烤箱、自动炒菜锅、智能机器人厨师等，许多工艺设备已由机械化发展到电子化。原料加工也大多使用精密的机械，如切肉片机、切菜机、绞肉机、打碎机、搅拌机等，科学化、规范化程度很高。

（二）营养搭配科学严格

西餐工艺的原料搭配科学严格。统一配方，统一规格，营养均衡合理，一般来说，同一产品的风味质量不受制作数量等的影响。在西餐中，主料、配料、沙司等的分量一般有固定的比例。

（三）烹调方法别具一格

西餐工艺常用的烹调方法有煎、炸、烩、铁扒、烤、烘等，其中铁扒、烤在西餐中更具特色，许多高档菜多用铁扒、烤等方法烹制，如烤火鸡、铁扒牛排等。由于西式烹调所用原料较厚、较大，烹制时各种调料不易入味，因此在出品时大都伴有沙司。调味沙司一般与主料分开烹制。西餐除部分品种的菜肴荤素混合制作外，大多数菜肴荤素分开烹制。

（四）注意肉类菜肴的老嫩程度

西餐工艺对肉类菜肴特别是牛肉、羊肉的老嫩程度有严格的规定和要求。服务员在接受点菜时，必须问清宾客的要求，厨师应按照宾客的口味进行烹制。一般肉类有5种不同的成熟度，即全熟（Well Done）、七成熟（Medium Well）、五成熟（Medium）、三成熟（Medium Rare）、一成熟（Rare）。

任务四　学习西餐工艺的意义和基本要求

一、学习西餐工艺的意义

在中国，西餐工艺作为一种异域烹饪技艺，自成体系，特点鲜明。它所创造出的美食品种，不仅满足了中国人民的需要，也满足了在中国的外国朋友的需要，它使消费者领略到异国情趣，增进对外国饮食文化的了解，加深与外国友人的情谊。西餐工艺在选料、营养意识、卫生标准、工艺要求等方面，以及现代西式快餐在标准化、工业化和连锁经营方面，也给中国餐饮业带来了许多值得借鉴和采用的新观念。学习西餐工艺，一方面可以满足中国人追求多样性的内在需求，另一方面可以满足旅游事业和外交事业的发展需要，同时还可以吸取西餐工艺之长，洋为中用，丰富、完善、发展我国的烹饪技艺。

二、学习西餐工艺的基本要求

（一）要学好外语

西餐工艺作为一门从国外引进的餐饮课程，对外语有着很高的要求。不懂外语，就看不懂外文专业书籍、文献，就不能直接与外国厨师交流，也就无法理解和掌握西餐工艺的精髓，无法深入地研究它。

（二）要熟练掌握西餐工艺的基本功

西餐工艺操作是一项较繁重的体力劳动，同时又是复杂细致的技术工作。由于西餐的品种繁多，操作中要掌握火候、调味等的多种变化，因此从事西餐工艺的操作人员一定要掌握扎实的基本功，如西餐工艺设备和工具的正确使用与保养方法、原料的鉴别与保管、原料的加工工艺、基础汤的制作、沙司的制作，以及基本的烹调方法等。基本功扎实了，才能谈得上提高与发展。

（三）要理论联系实际

西餐工艺作为一门技艺，也有一定的科学理论知识。在学习中，一定要以理论为基础，以实践为手段，弄清、弄通西餐工艺所涉及的基本概念、基本原理，在学好理论知识的基础上，深入实践，只有实践才能发现问题，才能真正掌握西餐工艺。

复习思考题

1. 如何理解西餐的概念？
2. 西餐在我国的传播与发展分为哪几个阶段？
3. 西餐的主要流派有哪些？
4. 法国菜、意大利菜、英国菜、美国菜、俄罗斯菜分别有什么特点？
5. 西餐的组成内容有哪些？
6. 西餐厨师应该怎样学习和提高厨艺？
7. 在学习西式烹调工艺时应该注意哪些问题？

项目二　西餐厨房概述

学习目标

- 了解西餐厨房工具与设备
- 了解西餐厨房工具与设备的安全使用
- 了解西餐厨房组织结构的设置
- 了解西餐厨房的岗位职责要求
- 了解西餐厨师的卫生安全

看电子书　看PPT

任务一　西餐厨房工具与设备

一、西餐厨房工具

西餐厨房工具品种多、形式多，但主要分为生产工具和计量工具两大类。“工欲善其事，必先利其器”，省时高效的现代西餐厨房工具是烹调美味佳肴的基础，熟悉并熟练使用它们是专业厨师的入门必修课。

（一）西餐生产工具

1. 烹调锅具

烹调锅具种类较多，按用途主要有高汤锅、双耳汤锅、焖锅、平底锅、沙司锅等，见表2-1。锅具的材质主要有铝、铜、生铁、不锈钢、特氟龙等。

2. 西餐刀具

西餐刀具种类繁多，具体形状、大小等与其加工的原料相匹配。刀具材质主要有不锈钢、碳钢、高碳钢等。不锈钢虽然具有不锈性，但不锈钢刀具的锋利度一般；碳钢刀具锋利但易锈，价格适中，应用广泛；高碳钢刀具结合了碳钢及不锈钢刀具的优点，锋利不锈，但价格较贵。常用西餐刀具见表2–2。

表2–1　烹调锅具

序号	烹调锅具	特点	图示
1	高汤锅 （Stock Pot）	也称汤桶，桶身细长，旁有两耳，上面有盖，以不锈钢或铝材制成，主要用于熬煮高汤	
2	双耳汤锅 （Double-Ear Soup Pot）	深度适中，旁有双耳，上面有盖，主要用于制作汤菜等	
3	焖锅 （Brazier Pot）	锅口较宽、深度较浅且锅壁较厚的圆桶形锅，主要用于焖、烩	
4	平底锅 （Flat Pan）	也称煎锅（Frying Pan），是深度较浅的圆形单柄锅，锅壁有倾斜和垂直两种，主要用于煎、炒食物及快速浓缩汤汁等	
5	沙司锅 （Sauce Pan）	形似汤锅，单柄，有盖，有大、中、小3种容量，主要用于调制沙司、浓缩汤汁等	

表2–2　常用西餐刀具

序号	刀具	特点	图示
1	厨刀 （Chef's Knife）	长15cm～40cm，刀头或尖或圆，刀刃锋利，用途广泛	
2	屠刀 （Butcher Knife）	身重，背厚，刀刃锋利、呈弧状，用于分解大块生肉	
3	出骨刀（剔骨刀） （Boning Knife）	长约15cm，又薄又尖，用于生肉出骨	
4	去皮刀 （Paring Knife）	多为不锈钢材料，刃利，长约6cm～10cm，用于蔬果去皮等	
5	沙拉刀 （Salad Knife）	与厨刀相似，尖头短刃，用于冷菜制作	

续表

序号	刀具	特点	图示
6	锯齿刀 （Bread Knife）	长形，刀刃呈锯齿状，用于切面包、蛋糕等西点	
7	刮抹刀 （Spatula）	长 8cm ~ 25cm，刀面较宽，常用于抹奶油等	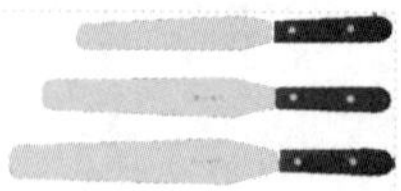
8	牡蛎刀 （Oyster Knife）	刀头尖，刀身短而薄，常用于挑开牡蛎外壳等	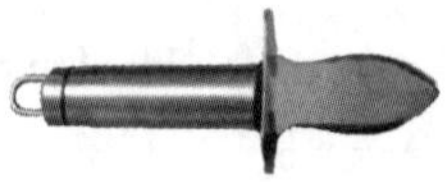
9	蛤蜊刀 （Clam Knife）	刀身短而扁平，刀口锋利，常用于剖开蛤蜊外壳	

3. 烹调辅助用具

烹调辅助用具主要有烤盘，滤网，铲、勺、扦，搅板及各种模具，见表2–3。

表2–3 烹调辅助用具

序号	烹调辅助用具	特点	图示
1	烤盘 （Baking Pan）	与烤箱配套使用，一般为长方形，用于烘烤肉类、鱼类、蛋糕、面包、饼干等	
2	滤网	主要有滤器笊篱、帽形滤器、蔬菜滤器、漏勺等	
3	铲、勺、扦	铲（Cooking Shovel），主要有锅铲、蛋铲，材质有铁、不锈钢、木头、硅胶等，铲面有小孔或长方形孔槽，以便沥油或水。 勺（Ladle），用于舀调味汁及汤汁等，材质有不锈钢、木头等。 扦（Skewer），不锈钢、铁或银制的长针，有锋尖，总长 20cm ~ 80cm，用于串烤食物	

续表

序号	烹调辅助用具	特点	图示
4	搅板 （Wood Spoon）	形似船桨，专门用于搅打沙司，有时也用于搅拌原料和菜肴。使用搅板可以保护锅具，尤其是不粘锅	
5	各种模具 （Cooking Molds）	一般以不锈钢制成，用于扣制蛋糕、饼干、布丁等	

4. 其他常用工具

西式烹调中其他常用工具见表2–4。

表2–4 其他常用工具

序号	其他常用工具	特点	图示
1	肉叉 （Meat Fork）	切肉时用来佐刀或烹调时用来翻转肉块，也可用于客前烹制表演，通常搭配厨刀使用	
2	肉锯 （Meat Saw）	细齿薄刃，用以锯开肩骨等大骨骼	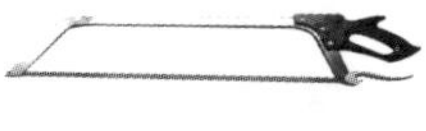
3	肉锤 （Meat Hammer）	一般为铝制，锤身为蜂窝面或平面，用于捶松及拍扁肉类，破坏肉的结缔组织，使肉质细嫩	
4	磨刀棒 （Sharpening Steel）	经过磁化处理，用来磨刀，使刀保持锋利	
5	案板 （Cutting Board）	常用木材或塑料制成，是刀工处理时的衬垫工具	
6	筛子 （Sieve）	主要用于筛面粉等	
7	食品夹 （Food Tong）	为金属制的“U”形夹钳，用于夹制食物	
8	擦床 （Grater）	可将整块或整条食材擦成末、丝、片等形状，如可以将奶酪擦成较粗的末，将土豆擦成片、丝等	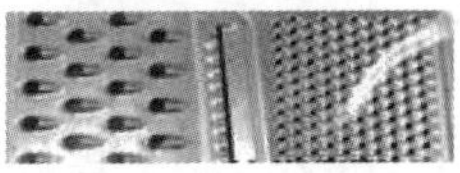

续表

序号	其他常用工具	特点	图示
9	刨皮器（Vegetable Peeler）	用于刨去蔬菜、水果的外皮	
10	刮丝器（Zester）	用于将橘、柠檬、橙子等的果皮刮成细丝	
11	挖球器（Ball Cutter）	用于将蔬菜、水果等挖成球状，有大小不同规格	
12	冰激凌球勺（Ice Cream Scoop）	由（半球形）球勺与手柄两部分组成，勺底有一半圆形薄片，捏动手柄，半圆形薄片可以转动，使冰激凌呈球形造型	
13	打蛋器（Egg Whisk）	用不锈钢钢丝缠绕而成，用于打发或搅拌原料，如蛋清、蛋黄、奶油等	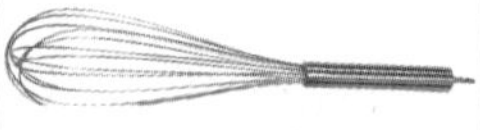
14	切蛋器（Egg Slicer）	底座由铝、不锈钢或塑料制成，中间凹成蛋形，上有数根用转轴固定的细钢丝，操作时先将去壳的熟蛋置于凹处，然后用钢丝将其夹成薄片	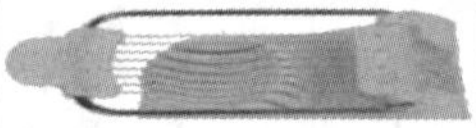

（二）西餐计量工具

西餐计量工具见表2-5。

表2-5 西餐计量工具

序号	西餐计量工具	特点	图示
1	量杯（Measuring Cup）	一般以塑料或玻璃制成，有柄，内壁有刻度，用于计量液体原料	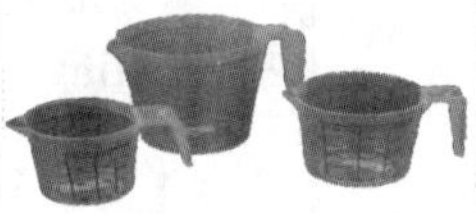
2	量匙（Measuring Spoons）	用于测量少量液体或固体原料的量器，有的以1汤匙、1/2汤匙、1/4汤匙大小的量匙为一套，有的以1mL、2mL、5mL、25mL大小的量匙为一套	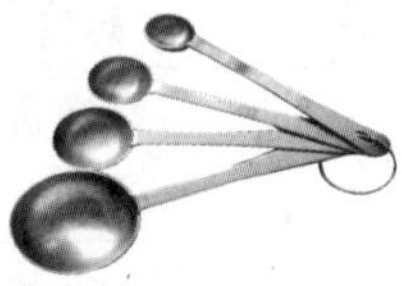
3	电子秤（Electronic Scale）	比较精确的称重工具	

续表

序号	西餐计量工具	特点	图示
4	温度计（Thermometer）	由测杆和温度刻度表两部分组成，用于测量油、糖浆及肉类等的中心温度。常用的厨房温度计有一体式探针温度计、绕线式探针温度计、红外线测温枪、电子式温湿度计等	

二、西餐厨房设备

西餐厨房设备主要指各种炉灶、保温设备和切割设备等。经过多年的发展，现代西餐厨房设备已经具有经济实用、生产效率高、操作方便等特点。很多西餐厨房设备可以组合使用，自动化程度进一步提高。具体来说，西餐厨房设备可以分为炉灶设备、烘烤设备、制冷或保温设备与加工设备四类。

（一）炉灶设备

1. 西餐灶

西餐灶（Double Oven Gas Cooker）分为明火灶、暗火烤箱与控制开关等部分，见图2-1（彩图1）。灶面平坦，上有4～6个火眼，火眼上有活动的炉圈或铁条，明火灶用于烹煮食物。灶下面是烤箱，可用于烤制食物。灶中间为控制开关部分。较高级的炉灶有自动点火和温度控制等功能。

图2-1　西餐灶

2. 平扒炉

平扒炉（Flat Grill/Griddle）表面是一块较厚的铁板，四周有滤油槽，滤油槽的下面是一个能抽拉的铁盒，用于承接灶面的剩油。平扒炉依靠铁板传热来烹制菜肴，优点是受热均匀且工作效率高，见图2-2（彩图2）。

图2-2　平扒炉

3. 铁扒炉

铁扒炉的炉面并排架有多根槽形铁条，每条宽约1.5cm，条与条间距约为2cm。使用时，在铁条下面以木炭、煤气或电等供热，见图2-3（彩图3）。

图2-3　铁扒炉

4. 深油炸灶

深油炸灶（Deep Fryer）由深油槽、过滤器及温度控制装置等部分组成，主要用于炸制食物。深油炸灶的特点是工作效率高、滤油方便，见图2-4（彩图4）。

图2-4　深油炸灶

5. 蒸汽汤炉

蒸汽汤炉（Electric Boiling Pan）呈罐状，容积大，不易搬动，因此常设一个可使汤炉倾斜的摇动装置。蒸汽汤炉通过管道蒸汽加热，适用于长时间蒸、煮、焖，见图2-5（彩图5）。

图2-5　蒸汽汤炉

（二）烘烤设备

1. 电烤箱

电烤箱（Electric Oven）为角钢、钢板结构，炉壁分3层，外层是钢皮结构，中间是硅酸铝绝缘材料，内壁由不锈钢或涂以银粉漆的铁皮制作而成。电烤箱利用电热管发出的热量来烘烤食物。电热管的根数取决于烤箱的容积。其优点为耗电低、清洁卫生、使用安全，见图2-6（彩图6）。

图2-6　电烤箱

2. 微波炉

微波炉（Microwave Oven）利用磁控管将电能转换成微波，微波穿透食物，进而使食物内外同时受热。微波炉的优点是加热均匀，食物营养损失少，成品率高。新型微波炉具有蒸、煮、炸、烤、解冻、定时控温等功能，见图2-7（彩图7）。

图2-7　微波炉

3. 烤炉

烤炉（Kitchen Salamander）顶端有发热管，由上而下放热，适于需要表面加热的菜肴。其有定时控温等功能，优点是热效率好、卫生、方便，见图2-8（彩图8）。

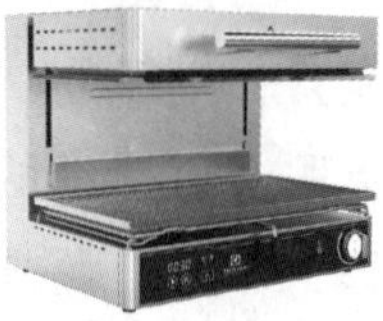

图2-8　烤炉

4. 多功能蒸烤箱

多功能蒸烤箱（Combi Steamers）不仅具有蒸和烤两种主要功能，还可根据烹调实际需要调整温度、时间、湿度等，省时省力，见图2-9（彩图9）。

图2-9　多功能蒸烤箱

（三）制冷或保温设备

1. 制冷设备

（1）冷藏设备

冷藏设备（Refrigeration Equipment）主要有小型冷藏库、冷藏箱和电冰箱。这些设备的共同特点是具有隔热保温的外壳和制冷系统。冷却方式有直冷式和风冷式两种，冷藏温度为-40℃～10℃。现在的冷藏设备具有自动恒温控制、自动除霜等功能，见图2-10（彩图10）。

图2-10　冷藏设备

（2）制冰机

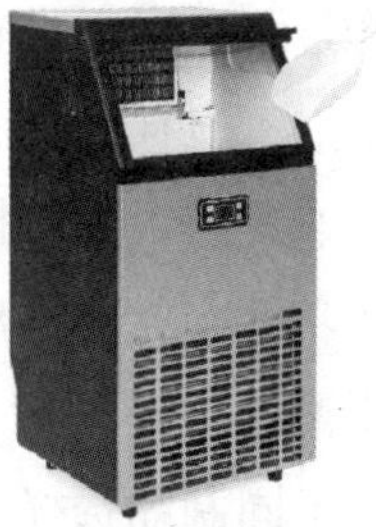

图2-11　制冰机

制冰机（Ice Maker）由冰槽、喷水头、循环水系统、脱槽电热丝、冰块滑道、贮冰槽等组成。制冰时先由制冷系统制冷，喷水头将水喷在冰槽上，水冻成冰块后停止制冷，然后用电热丝加热，使冰块脱落，并沿滑道进入贮冰槽。制冰机用于制冰块、碎冰和冰花，见图2-11（彩图11）。

（3）冰激凌机

图2-12　冰激凌机

冰激凌机（Ice Cream Machine）由制冷系统和搅拌系统组成。制作时先把液状的冰激凌浆体装入一个桶形容器，一边冷冻一边搅拌，直至浆体冷冻成糊状，然后把浆体装入硬化箱中冻硬，可用于制作各式冰激凌，见图2-12（彩图12）。

2. 保温设备

（1）热汤池

热汤池（Steam Table）以隔热水的方式为制好的沙司、汤或半成品等保温，该设备常常与炉灶设备组合使用，见图2-13（彩图13）。

（2）红外线保温灯

红外线保温灯（Infrared Heat Preservation Lamp）以红外线加热，可用于保温，见图2-14（彩图14）。

（3）保温车

保温车（Food Thermal Trolley）是一种通过电加热方式保温的橱柜，下有脚轮，可以推动。保温车用于上菜时菜肴的保温，见图2-15（彩图15）。

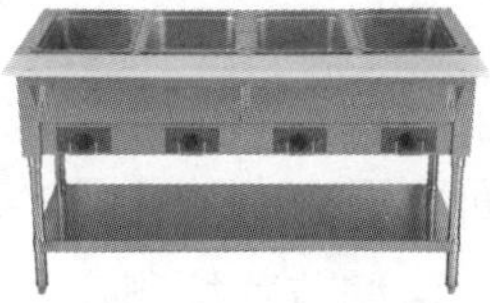

图2-13　热汤池

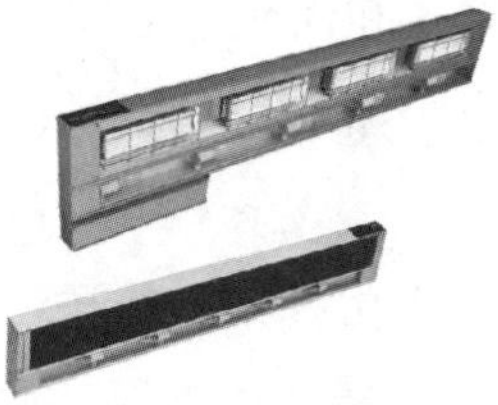

图2-14　红外线保温灯

图2-15　保温车

（四）加工设备

1. 粉碎机

粉碎机（Food Blender/Food Processor）由电机、原料容器和不锈钢叶片刀组成，适宜打碎蔬菜、水果，也可搅打浓汤、调味汁等，见图2-16（彩图16）。

2. 切肉片机

切肉片机（Food Slicer）有手动和自动两种类型。切片机可以将肉类食物切片，操作过程中可以设置切割厚度，使成片厚薄一致，见图2–17（彩图17）。

3. 搅拌机

搅拌机由电机、不锈钢桶和搅拌龙头组成，有专用的鸡蛋打发机（Hand Mixer）和多功能搅拌机（Stand Mixer）两类，前者主要用于搅打蛋液，后者除了可以用来搅打蛋液外，还可用来搅打各种酱汁、各种点心馅、面团等。使用多功能搅拌机时，要根据不同制品选择不同的搅拌速度。搅拌机见图2–18（彩图18）。

图2–16　粉碎机

图2–17　切肉片机

图2–18　搅拌机

4. 醒发箱

醒发箱（Fermentation Chamber）是发酵面团的设备，见图2–19（彩图19）。目前国内常见的醒发箱有两种。一种结构较为简单，采用铁皮或不锈钢板制成。这种醒发箱依靠箱底水槽中的电热棒加热，水加热后蒸发出的蒸汽可以使面团发酵。另一种结构较为复杂，以电为能源，可自动调节温度、湿度，这种醒发箱使用方便、安全，醒发效果也较好。

5. 和面机

和面机（Dough Mixer）有立式和卧式两种，见图2–20（彩图20）。卧式和面机结构简单，运行稳定，使用方便；立式和面机对面团拉、抻、揉的作用较大，可使面团中面筋质的形成更加充分，有利于面包内部形成良好的组织结构。

6. 擀面机

擀面机（Dough Rolling Machine）由托架、传送带和压面装置组成，见图2–21（彩图21）。擀面机用于将面团压成面片或擀压出酥层，面团厚度由调节器控制。

图2–19　醒发箱

图2–20　和面机

图2–21　擀面机

任务二　西餐厨房工具与设备的安全使用

一、西餐厨房工具的安全使用

（一）烹调器具的安全使用

用于制造烹调器具的材料必须符合安全、卫生的标准，必须具备良好的烹调特性。良好的烹调器具导热均匀，若导热不均匀，烹调器具的某一部位过热会导致烧煳或烧焦食物。影响烹调器具导热的因素有两个：一是材料的厚度，用厚金属制成的锅比用薄金属制成的锅受热更均匀，锅底的厚度最能反映这一点；二是材料的种类，不同的材料导热性能不同，即传热速度不同。

用于制作烹调器具的材料有以下几种：

1. 金属

铸铁脆性大，因此要防止铸铁器具摔、砸、跌落，以免损坏器具，发生危险。普通碳素钢容易被腐蚀，长期不用要注意防锈。不锈钢是现代厨房工具与设备中应用最为广泛的材料，卫生要求高的场所或环境要优先选用此类钢材。卫生部门对用于制造烹调器具的铝材有严格的规定，其中铅、镉等有害成分均不得超过有关标准。合格的铝材烹调器具是安全无毒的，但由于铝材质地较软，且人体不宜过量摄入铝元素，因此在大力、频繁摩擦的加工制作中，宜用钢材器具代替铝材器具。另外，各种铜制烹调器具在西餐厨房中仍有使用，在使用中要特别注意防锈问题。

2. 搪瓷、玻璃、陶瓷

搪瓷釉质易含铅、镉、砷等成分，许多国家的卫生部门禁止使用搪瓷制品。搪瓷极易划破、碎裂，这些情况为细菌提供了良好的藏身之所，进而易引起食物霉变。我国规定厨房用搪瓷器具不能使用含铅的釉。使用由玻璃或陶瓷制作的烹饪器具时，要注意其易破碎的特性，操作时必须考虑温度、操作手法等因素，以保证操作者安全。

3. 不粘材料

不粘锅是一种在金属锅表面涂敷有不粘材料的新型锅，现在非常流行。许多厨房专门配有不粘锅。这种锅可以在260℃以下长期使用，但需精心养护。不粘锅极易擦伤，在操作时不能用金属铲，也不能用坚硬的物品刷洗有不粘材料的地方，以免出现划痕。

（二）刀具的安全使用

刀具是厨房最常见的工具，也是最容易引发事故的工具。使用刀具时，必须全神贯注，集中精力，不得分散注意力去做其他事情。

使用刀具时应注意以下几点：

（1）要根据加工对象正确选择刀具。例如，加工坚硬的骨头时，应使用专用的砍刀；切面包时，应选用锯齿刀等。

（2）应保持刀具锋利。锋利的刀比钝的刀更安全，因为锋利的刀在使用时厨师不需要用太大的力气，而且切东西时刀不容易打滑。

（3）切割物品时，不要将刀朝向自己或他人；持刀行走时，必须将刀具放在护套中或用围裙等包裹，不要放在体侧，且要使刀刃向下，胳膊不要甩来甩去；严禁持刀开玩笑；手里拿着刀走近别人时，要预先发出警告，提醒他人注意。

（4）不要试图用手去抓正在掉落的刀具，刀具掉落时应及时后退，任其下落。在桌面上放置时，刀柄不能露于桌面之外，以免刀具碰落伤人；清洗刀具时要小心，不要将刀刃朝向自己；刀具使用完毕应放在安全的地方，应放置在明显的地方，不能放在案板下、水槽中、水中或其他不易看到的地方，以免发生割伤事故。

二、西餐厨房设备的安全使用

厨房中有很多设备，在使用它们时应注意的问题主要有以下几点：

（1）专用设备专项使用，不要挪作他用。使用设备前要经过培训，不要尝试使用自己不会使用的设备。

（2）要注意设备上的一切安全设施。发现机械异常必须马上切断电源，查明异常的原因或修复故障后再重新启动。接通电源前要检查设备开关是否关闭，设备开关未关闭的要关掉开关后再接通电源。

（3）设备运行时不要用手、勺或铲子接触设备上的食物，必须按操作规程使用设备。

（4）拆卸或清洗电动设备前必须切断电源。手湿或站在水中时，不要接触或操作任何电动设备。

（5）熟悉性能，合理使用。不懂得操作的人，也是最易损坏设备的人。

（6）清洁卫生，定时养护。对厨房中的设备，一般应做好以下几方面的工作：①工具、餐具与设备必须保持清洁，并定时严格消毒；②生、熟制品的工具、餐具必须严格分开使用，以免引起交叉污染，危害人体健康；③建立严格的工具、设备专用制度，定时对工具与设备进行检修，专门维护。

任务三　西餐厨房组织结构的设置

西餐厨房是西餐的生产部门，是制作各种西式菜肴和西点的“车间”或“加工厂”。要使餐饮生产活动正常开展，首先要建立合理的生产组织机构，并根据科学、合理、经济、高效、实用的原则配置相应的生产工作人员。

组织是为了达到某种特定目的而聚集起来的群体，组织结构是指在该组织中各成员之间的相互关系。为了保证餐厅的正常运转，必须有效地组织工作人员并通过科学的分工让工作人员各司其职，为实现整个组织的共同目标努力。

一、西餐厨房组织结构的设计

西餐厨房的组织结构有许多种。有些厨房组织结构庞杂，厨房内设有许多部门，有些厨房则相反，厨房小且部门少。西餐厨房组织结构的设计通常取决于以下几个因素：

（一）餐饮企业类型

提供西餐餐饮服务的企业类型主要有餐馆（含酒家、酒楼、酒店、饭庄等）、快餐店、小吃店、饮品店、食堂、集体用餐配送单位、中央厨房等。

（二）菜单

厨房服务的方方面面都与菜单密切相关，生产依赖于菜单。菜单上的项目越丰富、越复杂，生产这些项目所需要的人员数目就越多，相应的部门也就越多。

（三）营运规模

营运规模主要指顾客人数、需要的原料数量等。显而易见，快餐厅厨房就比高档餐厅厨房需要的人员和部门少。

（四）设施设备

现今厨房中常用的设备如煤气灶、电烤箱、冰箱等，可以控制热能，搅拌机、粉碎机等自动化工具使食品生产制作越来越简单。这些现代化设备和工具的出现降低了人的劳动强度，缩减了劳动程序，也必然减少了对工作人员数量的需求。

二、西餐厨房组织结构的模式

西餐厨房主要负责西式菜肴的加工制作。由于国家和地区的不同，人们有不同的生活习惯，因此西餐有法式、英式、意式、俄式、美式等多种菜式。这些西餐菜式在选材、配料、调味、制作上各有不同，但厨房运作模式大同小异，因此其组织结构也相似。

建立厨房组织结构的目的是明确分工，使各项分工快速、有效、适时地完成。根据餐饮生产规模和方式的不同，厨房组织结构可分设为不同的形式，但厨房组织结构并非一成不变的。当经营方式、经营策略发生变化时，厨房组织结构也要做出相应的调整和改变，以反映厨房各岗位和工种之间的最新关系。

常见的西餐厨房组织结构模式见图2–22。

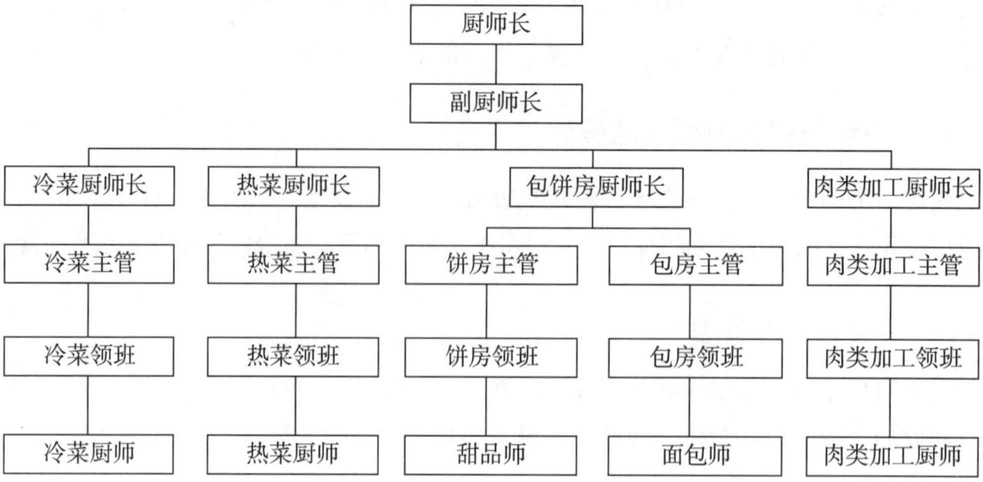

图2–22　常见的西餐厨房组织结构模式

三、西餐厨房组织结构的人员构成

随着饭店业和西餐业的发展，西餐厨房组织结构也在不断完善。按制作的食品种类不同，厨房可分为不同的工作区，每个工作区设有一名领班厨师，负责此区的工作。如果加工程序比较复杂，那么每个领班厨师会配备几个助手，以协助其工作。

中型厨房一般有厨师长1人，副厨师长1人，冷菜厨师、热菜厨师、肉类加工厨师、包饼房厨师、杂工若干人。若经营规模不大，厨师长除负责整个后厨事务之外，还可负责其中一个工作区的具体工作，如可负责炒制，负责装盘，或哪个区需要人手时临时帮一把。

小型厨房一般只需厨师长1人、一两名厨师、一两名厨工。在许多小型餐馆，零点厨师是后厨的顶梁柱，负责烤制、油炸、煎炒等，换句话说，零点厨师负责一切需要快速出锅的食物。

任务四　西餐厨房的岗位职责要求

西餐厨房组织结构的设计与工作岗位的设置应力求精干、简单，以提高工作效率，降低人力成本，增强企业竞争力。

一、西餐厨房岗位设置原则

西餐厨房在规模、类型、生产方式、建筑风格及面积等方面各有不同，因此岗位设置应根据企业需要，以工作定岗，以岗定人。通常西餐企业或饭店会根据工作人员的专业知识、技术等级、业务能力、工作态度、领导才能和开拓创新精神等给予他们不同的岗位。西餐厨房常设的工作岗位有行政主厨（Executive Chef）、副厨师长（Sous Chef）、厨师长（Chef）、领班（高级厨师）（Demi Chef）、各专业厨师（Cook）、仓库主管（Warehouse Supervisor）、帮厨（Kitchen Helper）、勤杂工（Kitchen Porter）。

二、西餐厨房岗位责任制

西餐厨房岗位责任制是指对西餐厨房内的各种加工切配厨师、烹调厨师、辅助人员和管理人员的任职条件、工作责任和工作权利等做出的具体规定。

西餐厨房岗位责任制的建立，使厨房的组织制度有章可循，使厨房内各种生产工作得以落实，从而为厨师的聘用、考核、奖惩等提供了可靠的依据。同时，由于西餐厨房岗位责任制中明确规定了各部门、各岗位的权限、工作标准和职责，因此厨房的每个工作人员及每个工作岗位都有明确的职责，既有利于保证厨房的工作效率和产品质量，也有利于增强厨师的责任心。

（一）厨师长的岗位职责

厨师长在餐饮部经理的领导下，负责主持厨房的组织领导、业务管理等工作。厨师长的岗位职责有：

（1）制定本厨房的操作规程及岗位责任制。

（2）根据餐厅的特点和要求制定菜单及菜谱。

（3）指挥大型宴会和重要宴会的烹调与供应工作，把控菜肴质量。

（4）指导主厨和领班的日常工作，协调好各班组的工作。

（5）听取顾客意见，了解销售情况，不断改进菜肴，提高菜肴质量。

（6）负责厨师的培训、考核工作，组织厨师学习新技术、新工艺和新菜肴。

（7）负责厨房的卫生工作，贯彻执行《中华人民共和国食品卫生法》和厨房卫生制度。

（8）熟悉和掌握货源，制订采购计划，控制原料的进货、领取，检查原料的库存情况，防止原料变质和短缺。

（9）根据不同的季节和节日推出时令菜式，增加菜品花色品种，促进销售。

（10）掌握本厨房设备、工具及财物的使用情况，制订年度预算计划。

（二）主厨的岗位职责

主厨是厨房中的一个重要职位，必要时该职位可由厨师长兼任。主厨的岗位工作职责有：

（1）协助厨师长主持厨房的日常事务工作，当厨师长不在时履行其职责。

（2）制定或参与制定菜单，使之符合顾客的需求。

（3）安排厨房员工的工作时间，合理分配人力，检查各班组的考勤。

（4）辅助处理厨房设备等硬件的保养问题。

（5）做好厨房的财产管理，减少浪费。

（6）负责全面检查菜肴质量，有权要求不符合质量要求的成品及半成品的制作者重做或补足，并对制作者给予一定的惩罚。

（7）参与各班组的业务操作学习和理论学习。

（8）熟悉《中华人民共和国食品卫生法》及厨房用具操作安全知识。

（9）协调各班组及员工工作，检查任务完成情况。

（10）审定各班组每天的原料采购单，无误后交由厨师长审定。

（三）厨师的岗位职责

1. 热菜厨师的主要职责

（1）炉灶厨师的主要职责

熟练掌握煮、烤、蒸、炸、煎、炒、扒、烩等操作技术，根据标准菜单制作具有各种特色风味的西餐，负责各种热菜原料和调料的准备工作。

（2）烧烤厨师的主要职责

负责制作各式烤肉及其他烤制食物。烧烤厨师可分为烤菜厨师、烧肉厨师等，分别负责处理各式烤制食物。

（3）鱼菜厨师的主要职责

负责制作各式鱼类菜肴。

（4）蔬菜厨师的主要职责

负责制作各式蔬菜、汤、淀粉类菜肴、蛋类菜肴。在大型厨房中，蔬菜厨师又可分为煎菜厨师、汤菜厨师。

2. 冷菜厨师的主要职责

负责制作各式冷菜，如沙拉、佐餐小菜、水果和自助餐菜品。

3. 肉类加工厨师的主要职责

负责各种用料的领、存、加工，为热菜和冷菜厨房供应适合烹制的肉类原料，负责冷藏柜的保管和清洁工作。

4. 面包师、甜品师的主要职责

负责烘制各式面包和甜品，如饼干、糕点等。

三、西餐厨师的职业标准

职业院校通常将教育的重点放在技术培训上，但实际上，态度比技术更重要，因为态度端正，不仅可以帮助学生更好地学习技术，还可以帮助学生克服前进道路上的重重障碍。

餐饮业的每一个成功人士都遵循着一套不成文的行为准则，这就是我们所说的职业标准。作为一名职业厨师，应具备以下态度和能力：

（一）积极进取的工作态度

要成为一名合格的职业厨师，必须拥有强大的工作信念。对工作严谨认真并不等于无法从工作中获得乐趣，真正的乐趣来自令人满意的工作成果。每一个经验丰富的主厨都有从紧张刺激的工作中获得乐趣的体验。积极乐观的厨师干起活来动作干净、利落、安全，效率很高。

（二）充沛的体力

从事餐饮业要求有耐力、有毅力，身体健康，勤奋，能吃苦，餐饮服务是一项艰苦的工作，厨师工作时间长，劳动强度大，因此作为一名职业厨师应具有充沛的体力。

（三）协作能力

厨师一般都需要与人合作。有与他人合作的精神和能力，才能做好厨师工作，才能服务好餐饮业。如果任由自我意识膨胀，猜忌他人，好胜心过强，或感情用事，那么损失将是巨大的。

（四）勤学好问的学习精神

烹饪领域总有学不完的知识，即使花费一生的精力也未必得其真果。世上著名的主厨都认为自己还需继续学习，他们不断努力、实验、探索和学习，以求做得更好。餐饮业发展变化极快，勇于接受新观点、新思想是至关重要的，不管技术多么精湛，都应该具有推陈出新的勇气和“再进一步”的坚持。

（五）全面的知识储备

许多人成为厨师是因为喜欢烹饪，这是非常重要的，但是成为职业厨师还必须具备其他方面的知识和技巧。例如，一个优秀的厨师必须掌握成本核算技巧及其他经济常识，懂得与供应商打交道等。

（六）丰富的经验

书本上的理论知识只是提供了知识基础，要想成为一名卓有成就的厨师，就必须实践实践再实践，丰富自身经验。

（七）精益求精的质量意识

判断食品好坏的一个重要标准是制作质量。要做出质量上乘的菜肴，厨师必须有“精益求精、质量至上”的意识，然后在实践中通过各种办法向这一标准靠拢。比如，通过协调食物颜色、形状和质地，使制作出的菜肴既美味又令人赏心悦目。

（八）扎实的基本功

实践与创新是当今时代发展的要求。出色的厨师敢于打破条条框框的束缚，创造出前所未有的菜肴。创新的路途是无界的，但要创新就必须先知道应由何处着手。掌握扎实的基本功有助于更好地实践、更好地创新。

任务五　西餐厨房的卫生安全

厨房中的各种食品原材料、半成品和成品很容易腐败变质，厨房每天还会产生大量的垃圾，如果管理不善，厨房将成为细菌大量滋生的场所。厨房工作，事事时时处处都要与食品打交道，而食品是否符合卫生要求，更关系到宾客的健康和餐饮饭店的声誉。因此，厨房管理人员要把厨房卫生工作视为餐饮管理中最重要的环节。

制定厨房有关个人卫生和食品卫生的管理制度，并不是要增加厨师从业的难度，而是为了从源头上保证食品安全，保证食客健康。

下面我们从食物传播疾病的原因——细菌谈起，然后再看这些管理制度的合理性和重要性。

一、细菌

（一）细菌的种类

许多通过食物传播的疾病都是由细菌引起的。细菌是一种单细胞生物，只有通过显微镜才能看到。事实上，细菌无处不在，空气、水、土壤、食物、皮肤、人体内部都存在细菌。大多数的细菌是无害的，可以称之为无害细菌，它们对人体既没有益处也没有害处。许多细菌生活在人体内部，帮助人体抵御有害菌，帮助人体生成营养物质等，它们对人体有益，可以称之为有益细菌，在食品制作中，许多食品的制作都得益于它们的帮助，如奶酪、泡菜等。另外，还有一些不受欢迎的细菌，它们会损害食品，导致食品腐烂、变质、分解，甚至会引起疾病，它们会使食品发酸，外表黏滑不洁、变色等，但是很多情况下，病原体还未导致食物变质、变味的时候，我们无法通过看、尝、嗅等方法辨别食品是否感染了病菌。防止病菌污染食品最可靠的途径就是注意保持良好的卫生环境，使用正确的食品加工、储存方法。

（二）细菌的生长繁殖

细菌通过分裂进行繁殖，细菌生长繁殖的条件主要有：

1. 食物

含有大量蛋白质的食物是细菌繁殖的温床。例如，肉类、鱼类、乳制品、蛋类及一些蔬菜等。

2. 湿度

细菌生长繁殖需要一定的水分，干燥的食物不利于细菌繁殖；含糖、含盐量高的食物也不利于细菌生长，因为糖、盐不利于细菌吸取食物中的水分。

3. 温度

细菌在温暖的环境中会生长迅速，4℃～60℃时细菌会大量繁殖，因而该温度区间被称为食物的“危险温度区”。

4. 酸碱度

一般来说，细菌喜欢酸碱度适中的环境。酸碱度用pH值（0～14）来衡量，pH值为7时表示中性。

5. 空气

多数细菌是需氧微生物，在有氧气的情况下才能繁殖。有些细菌为厌氧微生物，只在没有氧气的环境中繁殖。例如，食用真空罐装变质肉制品，可能导致一种很危险的食物中毒——肉毒杆菌食物中毒，这就是由厌氧微生物引起的。

6. 时间

每到一处新的环境，细菌都需要一定的适应时间，这段时间叫迟滞期。如果条件良好、适宜生长，迟滞期通常为1小时，否则时间将延长。若是没有迟滞期，我们周围会产生更多的细菌。正是因为有了迟滞期，我们才有可能对食物进行适当的处理，将食物保存在适当的条件下。

（三）细菌的污染方式

细菌只依靠一种方式来运动，那就是被携带。下列任何一种情况都可能使食物受污染：手的触摸、打喷嚏、咳嗽、与其他食物接触、与设备器皿接触、与空气接触、被放在水中、被虫子叮咬、被老鼠咬食等。

二、食品安全系统

HACCP（危害分析及关键控制点）体系是世界餐饮业用以保证食品安全、卫生的体系，这套体系具有很高的实际应用价值。它指出了可能出现危险的地方，并建立了一整套正确的操作程序。管理人员必须保证每一位工作人员都接受过培训，能执行这些程序，并能正确操作相应的设备。这些程序制定出来之后，还要制定其他的措施以确保这一程序的有效运行，如监督执行最佳控制点，若程序未被贯彻执行应采取措施进行纠正，记录下方方面面的运行情况，确保程序运行正常等。

在众多的制度中，HACCP体系是最为有效的一套制度。整个餐饮业的制度都是在这套制度的基础上加以改进的，以适应各企业各部门的需要。

HACCP体系的程序步骤

运行HACCP体系的目的是识别、发现和控制食品可能被污染的情况。它有7个程序步骤：

（1）发现危险；

（2）识别安全隐患；

（3）建立控制安全隐患的程序步骤；

（4）监督安全隐患控制情况；

（5）实施整改操作；

（6）建立记录体系；

（7）评估系统运作情况。

每一种食品制作的流程都是不同的，即使是最简单的一份菜，也要经过几个步骤，例如，把购进的成品糕点作为饭后甜点端上餐桌至少要经过如下步骤：验收、储存、上菜。HACCP体系从食品的流动过程入手，即通过监控食品的储存、加工、烹调等过程，随时发现可能出现污染的情况。

三、保持良好的个人卫生

多数由食物传染的疾病是由食品加工人员携带的病菌引起的，因此预防食物传染疾病的首要步骤就是食品加工人员保持良好的个人卫生。即便是在健康的情况下，我们皮肤上、鼻子里、嘴里也有大量细菌，其中有些细菌落到食物上就会大量繁殖，从而引发疾病，因此食品加工人员要做到以下两点：

（一）定期进行健康检查

根据《中华人民共和国食品卫生法》，食品生产经营人员每年必须进行健康检查；新参加工作和临时参加工作的食品生产经营人员必须进行健康检查，取得健康证明后方可参加工作。凡患有痢疾、伤寒、病毒性肝炎等消化道传染病（包括病原携带者），活动性肺结核，化脓性或者渗出性皮肤病以及其他有碍食品卫生的疾病的，不得参加接触直接入口食品的工作等。

（二）养成良好的卫生习惯

（1）要勤剪指甲，勤洗手，勤洗澡，勤理发，勤换工服、围裙和擦手布。

（2）工作前要将手和裸露的肌肤洗干净，尤其是在饭后、酒后、抽烟后、上厕所后，以及接触任何可能感染细菌的东西后。

（3）操作时不戴戒指、手镯、手表，更不允许涂指甲油。

（4）不允许对着食品打喷嚏。如果咳嗽或打喷嚏，要用手捂挡，然后将手洗干净。

（5）工作时不要吸烟或嚼口香糖，不能挖鼻孔、掏耳朵、剔牙。

（6）不要坐在工作台上。

（7）有伤口时要用清洁的绷带包扎伤口。

（8）不得将私人物品带入工作间，以防异物污染食品。

复习思考题

1. 西餐厨房人员的组织结构是怎样设置的?
2. 厨房各岗位的主要职责有哪些?
3. 如何做一名优秀的厨师? 请阐述自己的观点。
4. 西餐生产工具主要有哪些?
5. 西餐计量工具主要有哪些?
6. 西餐炉灶设备有哪些?
7. 西餐加工设备有哪些?
8. 西餐厨房工具和设备的安全使用知识有哪些?

项目三 西餐原料加工工艺

学习目标

- 掌握初加工工艺
- 掌握分档、剔骨、出肉工艺
- 掌握切割、整理成型工艺

看电子书　　看PPT

任务一 初加工工艺

烹饪原料具有各种不同的品质特征、不同的用途。在西餐中，合理选择并加工原料，有利于保存、改进食品品质，发挥食品的营养价值，满足人们对食品风味的要求。

一、蔬菜原料的初加工工艺

蔬菜原料品种繁多，加工方法也不尽相同。

（一）叶菜类的初加工工艺

西餐中的叶菜品种有生菜、菠菜、苋菜、西芹等，其加工流程主要有两步：

（1）择拣整理，去除黄叶、老边、糙根和粗硬的叶柄，以及泥土等污物和变质的部位。

（2）洗涤，主要是用清水洗涤，以除掉泥土等污物和虫卵，必要时可用盐水浸泡约5min，使虫卵吸盘收缩，落于水中，然后洗净。

（二）花菜类的初加工工艺

西餐中的花菜品种有花椰菜、朝鲜蓟等，其加工流程主要如下：

（1）择拣整理，主要去除茎叶，削去发黄、变色的花蕾，然后分成小朵。

（2）洗涤，主要去除花蕾内部的虫卵，必要时可以先用盐水浸泡，再洗涤干净。

（三）根茎菜类的初加工工艺

西餐中的根茎菜品种主要有土豆、红薯、胡萝卜、红菜头等，其主要加工流程如下：

（1）去皮，根茎菜类一般都有较厚的外皮，不宜食用，应该去除。去皮方法因原料不同而有所不同。胡萝卜、红菜头等轻微刮擦即可，土豆、红薯等去皮后要用小刀去除虫疤及外伤部分。

（2）洗涤，根茎菜类一般去皮后洗净即可。有些根茎类蔬菜，如土豆、莴苣等，去皮后易氧化褐变，因此去皮后应及时将其浸泡于水中，以防变色，但浸泡时间不能过长，以免原料中的水溶性营养成分损失过多。

二、肉类原料的初加工工艺

现代西餐厨房中使用的肉类原料往往是经过加工的冻肉或鲜肉，这些肉类可能带骨或不带骨，可能是整片的或分割成小块的。根据现代厨房使用肉类的特点，下面简单介绍几种肉类的加工和处理方法：

（一）冻肉的解冻工艺

冻肉解冻应遵循缓慢解冻的原则，以使肉中的汁液恢复到肉组织中，减少营养成分的损失，同时也能尽量保持肉质鲜嫩。常用的解冻方法有以下几种：

1.空气解冻法

空气解冻是把冻肉放在12℃～20℃的室温下解冻。这种方法解冻时间较长，但肉质恢复较好，肉的营养成分损失较少。也可以把冻肉放在冰箱冷藏室内数小时，而后取出使用。

2.水泡解冻法

水泡解冻是把冻肉放在接近0℃的水中浸泡解冻。此法简单，应用广泛，但营养成分流失较多，也降低了肉的鲜嫩程度。用水泡解冻法解冻，为什么一定要用冷水？这是因为肉类在速冻的过程中，其细胞内液与细胞外液迅速冻成冰，形成了肉纤维与细胞中间的结晶，这种结晶是一种很有价值的蛋白质和香味物质，如果用热水解冻，这种结晶会损失。另外需要注意的是，解冻时不可用力摔砸，以免营养成分损失。

3.微波解冻法

在微波的作用下，原料的分子高速、反复振荡，分子间不断摩擦产生热量，从而使肉解冻。这种方法下，热量不是由外传入的，而是从原料内部产生的，因此解冻后仍然能大体保持原料原有的结构和性状。

（二）鲜肉的初加工工艺

鲜肉的初加工工艺主要是洗涤干净和剔净筋皮。如果暂时不使用，应按照部位的不同，分别放入冰箱冷藏。低温贮藏法是肉和肉制品贮藏中最为实用的一种方法。

（三）其他部位的初加工工艺

对其他部位如畜类的内脏、尾巴、舌头等原料的初加工，要求十分细致，因为这些原料带有污物、油腻，甚至腥臭气味，如果不处理干净，就不宜食用。不同部位的原料性能不同，初加工的工艺也各不相同。

知识链接

肥鹅肝（冻）的初加工工艺

（1）室温解冻，使其变得柔软。

（2）解冻后用手把肥鹅肝掰成两块，使鹅肝较圆的一面朝上，用餐刀在中间位置纵向切一个长切口，用两个拇指把该切口扒开。

（3）用手指找到肥鹅肝中的筋，然后用餐刀和手指一边摸一边挑出，肥鹅肝的筋从根部到筋梢越来越细，很容易拉断，注意不要把筋拉断。

（4）在摘除大筋的同时，去除分支的筋、血管和红色斑点。

三、水产品原料的初加工工艺

鱼类在切配与烹调以前必须进行初步加工，具体的加工步骤依品种与使用方法而异，一般而言，先去鳞、鳍、鳃后摘除内脏（用刀反方向刮可以去鳞，用剪刀或菜刀去除鳍，用手挖去鳃），但鲥鱼、鳓鱼因鳞富含脂肪、味道鲜美，故只除鳃不去鳞。鳜鱼、鲈鱼、黄鱼的背鳍非常锐利，需在去鳞前先除鳍（扎到手容易感染细菌，导致发炎）。

1. 鲈鱼

（1）为了保证鲈鱼肉质洁白，宰杀时应把鲈鱼的鳃央骨斩断，倒吊放血。

（2）待血污流尽后，将之放在案板上，从鱼尾部沿着脊骨逆刀而上，剖断胸骨，将鲈鱼分成软、硬两边，取出内脏，再将鱼肉洗净即可。

2. 三文鱼

（1）将新鲜的三文鱼洗净，平放在案板上，用刀顺鱼鳃将其头部切下。

（2）从鱼腹部自上而下依骨切，把三文鱼分成两片。三文鱼肉质细嫩，在切时动作应轻、快。

（3）切去鱼腹部脂肪较多的部位。

（4）将鱼侧部含脂肪较多的部分连皮一起去掉。

（5）用小刀把白色的肚膜顺鱼骨去掉。

（6）用钳子把鱼肉里的一些零散鱼骨去掉。

（7）最后去掉鱼皮。先在鱼尾段割一下，把鱼皮拉紧，然后从尾段慢慢将鱼皮去掉。注意，切时应拉动鱼皮，刀保持不动。

3. 海虾或河虾

一般情况下，海虾、河虾的初加工需要用剪刀剪去虾须和虾脚，挑去虾线，随后将其放在水盆里冲洗，直至水清不混浊，但有时根据菜肴的不同，需对其进行有针对性的加工。

虾的初加工工艺有两种：一是剥去虾头及虾壳，留下虾身，用刀在虾背处轻轻划一刀，剔出虾肠，洗净，这种加工方法在西餐中使用较多；二是用剪刀剪去虾须、虾足，再从背部剪开虾壳，这种方法适宜制作铁扒大虾等菜肴。

任务二　分档、剔骨、出肉工艺

分档、剔骨、出肉是根据原料的组织结构和选料要求将整体原料分卸成相对独立的不同部位，以便于烹制或出骨、取肉的工艺过程。它技术细致，要求较高。原料各部位的质量不同，为适应不同菜肴的烹制，需要将原料分档、分类，这样才能保证菜肴的质量，突出菜肴的特点。在操作时必须熟悉原料的各个部位，如从家禽、家畜的肉之间的隔膜处下刀，比较容易分清不同部位的界限，保证所用部位原料的质量。还要掌握好分卸的先后次序，做到分卸合理、物尽其用。

一、畜类原料的分档、剔骨、出肉工艺

畜类原料体形较大，其分档、剔骨、出肉工艺一般在工厂进行，特别是西方国家，已采用机器分割，西餐厨房使用的畜肉几乎都是已分卸并包装好的各个部位。我国西餐行业中，除某些畜体由工厂分卸外，大多由厨师在厨房分卸。

（一）牛的分档、剔骨、出肉工艺

牛肉在西式烹调中被分为成年牛肉（Beef）与小牛肉（Veal）。成年牛肉一般以3岁左右的牛的肉质量为好，因其肌肉紧实细嫩，皮下及肌间夹杂少量脂肪。牛的部位不同，其肉质也有很大区别，因此在原料的选用上，一定要根据肉质特点，恰当使用。

牛的分档、剔骨、出肉见图3-1。

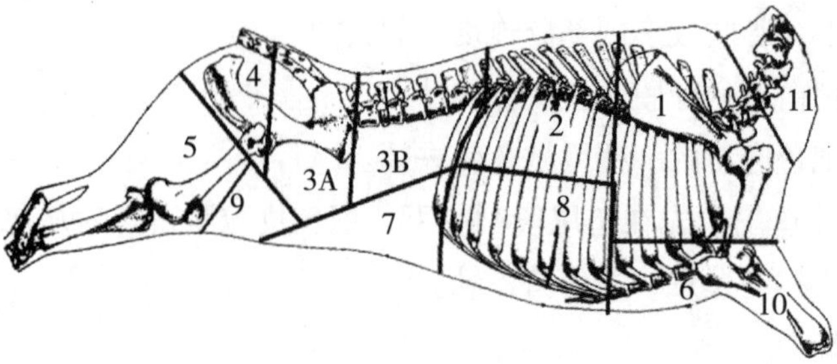

图3-1　牛的分档、剔骨、出肉

1-肩胛（Chuck）；2-肋骨（Rib）；3A-后腰脊（Sirloin）；3B-前腰脊（Short Loin）；4-臀部（Rump）；5-后腿（Round）；6-胸口（Brisket）；7-牛腹（Flank）；8-硬肋（Plate）；9-腰窝（Thick Flank）；10-腱子（Shank）；11-颈（Neck）

西式烹调常用牛部位见表3-1。

表3-1　西式烹调常用牛部位

序号	名称	图示	序号	名称	图示
1	平铁牛排（Top Blade Steak）	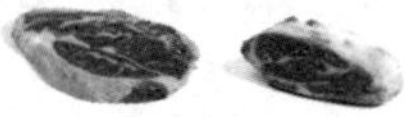（彩图22）	5	菲力牛排（Tenderloin Steak）	（彩图26）
2	肩胛肉排（Chuck Steak）	（彩图23）	6	西冷牛排（Sirloin Steak）	（彩图27）
3	肋眼牛排（Ribeye Steak）	（彩图24）	7	臀肉牛排（Rump Steak）	（彩图28）
4	T骨牛排（T-bone Steak）	（彩图25）			

（二）羊的分档、剔骨、出肉工艺

在西式烹调中，羊肉的应用仅次于牛肉。羊肉在西式烹调中又有羔羊肉和成羊肉之分。羔羊是指生长期在3个月至1年的羊，没有食过草的羔羊又被称为乳羊。成羊是指生长期在1年以上的羊。西式烹调中主要使用羔羊肉。羊的种类很多，主要有绵羊、山羊两大类，其中，肉用羊大多由绵羊培育而成，其体形大、生长发育快、产肉性能高，其肉质细嫩，肌间脂肪多，切面呈大理石花纹状，肉用价值高于其他品种。澳大利亚、新西兰等是世界上主要的肉用羊生产国。目前我国市场上的羊肉供应以绵羊为主。

羊的分档、剔骨、出肉见图3-2。

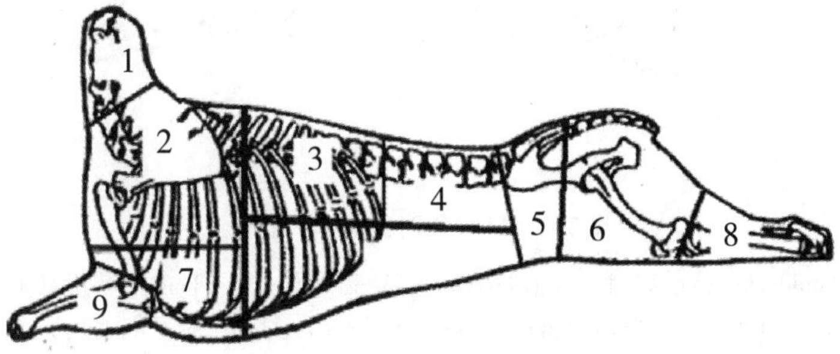

图3-2　羊的分档、剔骨、出肉

1-颈（Neck）；2-肩（Shoulder）；3-肋背部（Rib/Best End）；4-腰脊部（Loin/Saddle）；5-上腰（Sirloin/Chump）；6-后腿（Leg）；7-胸口（Brisket）；8、9-腱子（Shank）

西式烹调常用羊部位见表3-2。

表3-2　西式烹调常用羊部位

序号	名称	图示	序号	名称	图示
1	七骨羊排	（彩图29）	3	羊马鞍	（彩图31）
2	皇冠羊排	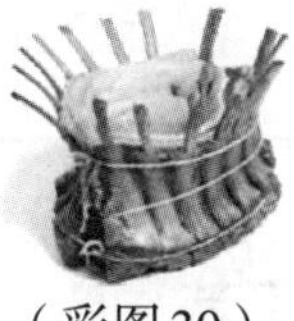（彩图30）	4	马鞍羊排	（彩图32）

（三）猪的分档、剔骨、出肉工艺

猪肉也是西式烹调中常用的原料，尤其德式菜对猪肉很偏爱，其他欧美国家也有不少菜肴是用猪肉烹制的。西餐中的猪肉有成年猪肉和乳猪肉之分。乳猪是指尚未断奶的小猪。乳猪肉肉嫩色浅，水分充足，是西式烹调中的高档原料。成年猪一般以饲养1～2年的为佳，其肉色淡红，肉质鲜嫩。

猪的分档、剔骨、出肉见图3–3。

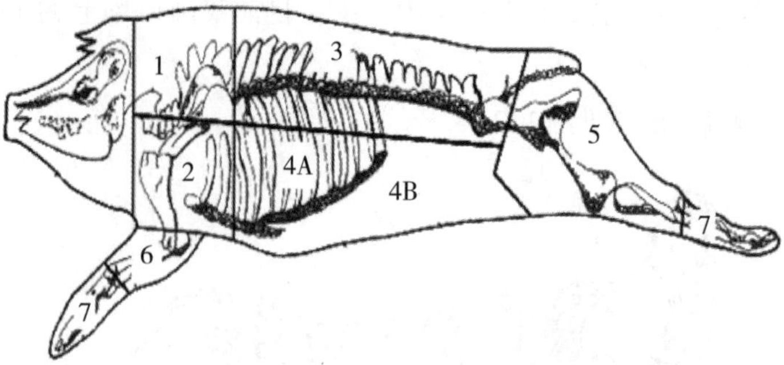

图3–3 猪的分档、剔骨、出肉

1–上脑（Blade Shoulder）；2–前肩肉（Arm Shoulder）；3–猪外脊（Pork Loin）/猪里脊（Pork Tenderloin）；4A–硬肋（Spare Rib）；4B–软肋（Belly–ribbed）；5–腿（Leg）；6–肘子（Hock）；7–蹄（Trotter）

西式烹调常用猪部位见表3–3。

表3–3 西式烹调常用猪部位

序号	名称	图示	序号	名称	图示
1	猪外脊	（彩图33）	3	猪排	（彩图35）
2	猪肘子	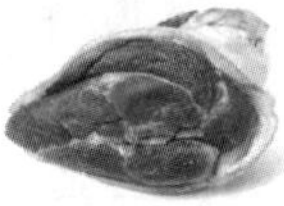（彩图34）	4	带骨大排	（彩图36）

二、禽类原料的分档、剔骨、出肉工艺

禽类原料的分档、剔骨、出肉工艺大体相同，下面以鸡为例进行介绍。

光鸡的分档、剔骨、出肉工艺如下：

（1）鸡腿：肥瘦相间，适合烩、烤等。分卸时，从腹侧用刀切开鸡腿关节处的外皮和肉；用手抓住鸡腿，用力把鸡腿翻向后侧；用刀沿着鸡腿的关节把皮和肉切开，一只手向外拉鸡腿，把鸡腿撕下来。

（2）鸡翅：适合烧烤、烩、焖等。分卸时，从肩胛骨处用刀割下即可。

（3）鸡架：主要为鸡骨，常用于煮汤等。分卸时在鸡肩胛骨处切开一个口，切口要一直延伸到鸡颈下方；用手抓住鸡脊骨，用力向外拉鸡脊骨，将鸡架拉出来。

（4）鸡胸：包括鸡脯肉和鸡里脊肉两部分，肉质嫩，适合铁扒、煎、炸、烤等烹法。分卸时，切除颈部多余的皮，用刀压着鸡胸肉的中间部位，把鸡胸骨由中间分成两半，从而把鸡胸肉切成两半。

（5）整鸡：适合整只煮汤、烧烤等。

三、水产品原料的分档、剔骨、出肉工艺

（一）鱼类原料的分档、剔骨、出肉工艺

鱼类的分档、剔骨、出肉工艺要根据鱼的自然形态和烹调要求进行。有的时候需要将鱼去头、骨、皮，只取净肉；有的时候只去鳞去骨，不去皮；还有的时候不去头尾，不破腹，直接从鱼体上剔下鱼肉。鱼的形态不同，具体加工方法也不尽相同。下面举例说明。

1.鱼三片的出肉加工（适合一般鱼类）

（1）刮除鱼鳞，切掉鱼头，摘除内脏，用水洗净。

（2）从头部切口处入刀，贴住鱼脊骨，从前至后割断鱼肋骨，分离出一块带皮鱼肉；用同样的方法，从另一边将带皮鱼肉分离下来。

（3）去腹刺，去鱼皮。

（4）整鱼分成两片鱼肉、一片鱼骨。

2.鱼五片的出肉加工（适合菱鲆鱼类）

（1）刮除鱼鳞，切掉鱼头，摘除内脏，用水洗净。

（2）从头部切口处入刀，在鱼体中间横向切一个长切口。

（3）用刀从鱼体中间切口处向鱼腹方向切，将鱼肉切下来。

（4）用刀从鱼体中间切口处向鱼背方向切，把鱼肉切下来。

（5）将鱼翻身，采用同样的方法把另一侧的两片鱼肉切下来。

（6）剔除鱼骨，整鱼分成四片鱼肉、一块鱼骨。

3.鱼排的出肉加工（以金枪鱼为例）

（1）刮除鱼鳞，切掉鱼头，摘除内脏，用水洗净。

（2）将鱼切成约2cm宽的段。

（二）其他水产品原料的分档、剔骨、出肉工艺

1.扇贝

（1）顺着扇贝壳内壁把餐刀插进去，将扇贝撬开。

（2）找到位于贝壳张合关节处的贝肠，除去贝肠和系带。

（3）取出贝肉，用手撕除贝肉周围的薄膜和白色硬筋，用与海水浓度相近的盐水简单地清洗干净贝肉即可。

2. 淡水虾

（1）根据实际选用方法，可在5片虾尾中拧住中间的一片虾尾，直接向后拉，将虾肠拉出来，也可剪开虾背，挑出虾肠，注意力度。

（2）拧下虾头。

（3）将虾腹朝上，用拇指和食指挤压虾尾，将虾肉从虾壳中挤出来。

3. 龙虾

（1）摘除虾头。

（2）使虾腹朝上，用剪刀剪开龙虾腹壳的两侧，剥下龙虾腹壳。

（3）剥出虾肉，摘除虾肠。

4. 蟹

（1）将蟹蒸熟或煮熟。

（2）出腿肉。将蟹腿取下，剪去一头，用擀杖在蟹腿上向剪开的方向滚压，把腿肉挤出。

（3）出螯肉。将蟹螯扳下，用刀拍碎或拍裂，取出螯肉。

（4）出蟹黄。剥去蟹脐，挖出蟹黄。

（5）出身肉。掀下蟹盖，用竹扦剔出蟹肉。也可将蟹身片开，再用竹扦剔出蟹肉。

任务三　切割、整理成型工艺

切割、整理成型工艺即刀工工艺，是西餐原料加工工艺的重要组成部分。大多数烹饪原料只有经过刀工处理后才能符合烹调工艺要求和食用要求。

一、刀工和刀法

刀工是运用刀具对原料进行切割处理的技能，包括运刀的姿势、运刀的速度，以及运刀后的效果（切割后原料的形状、质量）。刀法是切割原料时应用刀具的方法，包括刀具运动的方向，以及使用力度。刀工和刀法是紧密结合、相辅相成、难以分割的工艺手段。刀工离不开刀法，刀法是刀工的基础。

（一）刀工操作规范

现代西餐厨房已经实现机械化操作，满足了大批量、标准化的食品生产要求。但是，厨房内少量的原料加工主要还是手工操作。手工操作具有一定的劳动强度，因此刀工操作规范直接关系到操作者的身心健康。

1. 刀工操作前的准备工作

（1）切配台位置的摆放。切配台周围应宽松，以无人碰撞为准。切配台应有高度调节装置，其高度一般以与人体腰部齐平为宜。

（2）台面的工具陈放。台面上的工具有刀、刀墩、物料盆、抹布等，这些工具的陈放应以方便、整洁、安全为原则。

（3）卫生准备。操作前应对手及使用工具进行清洗消毒，并戴好工帽，台面与地面也应保持清洁。

2. 操作姿势

（1）站立姿势。两腿直立，两脚分开，略呈“八”字，挺腰收腹，颈部自然微曲，目视被切原料。

（2）握刀方法。握刀没有固定的方法，刀具和被切原料的性质不同，握刀方法往往也不完全相同，但是握刀方法有一定的基本要求，即手心要贴着刀柄，刀要握牢，不能左右飘动。

（3）运刀方法。运刀主要考验刀的运动和双手的协调性，运刀时，切、剁等主要是手腕和肘部用力，砍、劈等主要是用臂力。运刀时要用力均匀，做弹性切割，匀速进行。

（二）刀法及其应用

刀法是切割原料时应用刀具的方法。根据原料的性质和刀刃与原料的接触角度不同，西餐刀法一般分为直刀法、平刀法、斜刀法和其他刀法。

1. 直刀法

这种刀法适用于分刀、砍刀等刀具，操作时刀面与案板或原料成直角。根据原料性质和烹调要求的不同，直刀法又分为切、剁、砍。

（1）切

切一般适用于无骨原料。操作时，刀的运动方向总的来说是自上而下，运动幅度较小。由于无骨原料也有老韧、鲜嫩、松脆之分，因此在切割时要采取不同手法，见表3–4。

表3–4　切的不同手法

手法	特点
直切	又叫立切，即左手按住原料，手指弯曲，右手持刀，既不向外推，也不向里拉，刀笔直切下去的手法。技术熟练后，速度加快，可形成跳切。直切用途广泛，一般适用于加工脆性原料，如胡萝卜、黄瓜等
推切	刀刃在向下运动的同时还由里向外运动，着力点在刀的后端，刀推到底不需要再拉回来就切断原料。推切一般适用于质地松散、较薄、体积较小的原料，这些原料如用直切法强行切开容易破碎、零散，为了满足原料的切分要求，这时应用推切
拉切	在向下切的同时，将刀由外向里拉，着力点在刀的前端，一刀拉到底，把原料切断。这种刀法一般适用于韧性原料，如无骨肉类
锯切	又称推拉切，着力点前后交替，先将刀向前推，再向后拉，像拉锯一样反复推拉，直至切断原料。锯切适用于切割两类原料，一类是较厚且无骨的、需切成大薄片的韧性原料，一类是质地较松却需切成大片的原料，如面包等，前者用直切法不易切断，后者用直切法容易碎散，所以需要用锯切法前推后拉，慢慢切之
滚料切	这种切法每切一刀都需要把原料滚动一次。左手滚动原料时，要求原料滚动斜度掌握适中，右手持刀紧跟原料的滚动斜度落刀，两手配合默契，切下的原料就会大小一致、块形均匀
铡刀切	这种刀法，是右手提起刀柄，左手扶在刀背上，使刀柄翘起并在左手的压力下摇动刀身，使刀刃切入原料，铡刀切法适合加工蒜末、西芹末等

（2）剁

剁是将无骨原料加工成茸泥或把某些成形菜肴剁松的一种刀法。剁的具体操作方法有排剁及砸剁、点剁等，见表3–5。

表3–5　剁的不同手法

手法	特点
排剁	排剁有单刀剁和双刀剁之分。单刀剁即用一把分刀将原料剁细的方法。为了提高效率，通常左右两手各持一把分刀配合操作，即双刀剁
砸剁	西式菜肴加工过程中的传统刀法。这种刀法的特点是落刀轻，刀浅，一般不触及案板，其目的是增强原料的可塑性，使原料易于收拢成形，在烹制时不收缩变形，如加工鸡排时就要用砸剁刀法
点剁	西式菜肴加工过程中常用的刀法。其方法是用分刀刀尖在原料表面点剁数下，使其细筋断裂，从而保证原料在加热过程中受热均匀且不收缩变形

（3）砍

砍是用砍刀砍断带骨或其他质地坚硬的原料。砍的操作方法是右手紧紧握住刀柄，对准要砍的部位，大力砍下。砍的方法分为直砍、跟刀砍、拍刀砍，见表3–6。

表3–6　砍的不同手法

手法	特点
直砍	将刀对准原料要砍的部位，用力向下直砍。适用于带骨或其他质地坚硬的原料
跟刀砍	先将刀刃嵌在原料要砍的部位上，然后让刀与原料一起落下以将原料砍断。适用于一次砍不断的原料
拍刀砍	将刀放在原料所需砍断的位置上，右手握住刀柄，左手在刀背上用力拍下去，将原料砍断。适用于体积小而易滚、易滑的原料

2. 平刀法

平刀法又叫片刀法，它是运刀时刀面与案板接近平行状态的一种刀法，适用于无骨的软性或韧性原料。操作时，刀刃由原料一侧进入，把原料加工成较大片状。这是一种比较细致的刀工技术。

3. 斜刀法

斜刀法是刀面与原料或案板呈小于90°的角的一种刀法，主要可分为斜刀片和反刀片。

（1）斜刀片

斜刀片也称斜刀拉片，是右手握刀，将刀身倾斜，刀刃向左片进原料左下方，直到将原料片开的一种刀法。适用于加工无骨的韧性原料，如虾、鱼、鸡等。

（2）反刀片

反刀片是右手握刀，将刀身倾斜，刀背向左，刀刃向右，刀刃片进原料右下方的一种刀法。适用于加工烧烤原料，如火鸡、羊腿、牛外脊等。

4. 其他刀法

西餐刀法除提到的以上刀法外还有其他刀法，如拍、削、旋、剜等。

（1）拍

拍是西餐刀法中的一种独特刀法。其用具是拍刀，也可用木制或铝制的榔头，目的是将较厚的段状、片状肉类原料拍薄、拍松。根据具体手法不同，又有直拍、拉拍、推拍之分。

（2）削

削是将原料拿在手里加工的一种刀法，适用于对根茎类蔬菜和瓜果如胡萝卜、土豆、黄瓜等进行去皮处理。

（3）旋

旋也是将原料拿在手上操作的一种去皮方法，其作用与削相同，但方法不同。削下的皮一般较碎，而旋下的皮多堆放为圆状，拉开则为长条。旋多适用于水果及茄果原料。

（4）剜

剜的刀法有3种，一种是将原料的内瓤剜出，使之成空壳，便于填入馅心，如嫩西葫芦等；另一种是取出原料内的肉，如蛤蜊、海螺等；还有一种是用特殊的工具（带刃的圆勺）在体积较大的瓜果蔬菜上剜下圆球，作为佐食肉类的配菜，如哈密瓜球、冬瓜球等。

二、蔬菜类原料的切割

蔬菜多为草本植物，含水分较多，质地脆嫩，便于切配加工。蔬菜加工刀法主要是削和直切，加工成的形状有条、片、丝、粒等。

（一）叶菜类蔬菜的切割

叶菜类蔬菜的叶片大而薄，水分充足，非常容易切割。西餐常用的叶菜有卷心菜、菠菜、生菜、苋菜等。叶菜类蔬菜切割后的形状常有以下几种，见表3–7：

表3–7　叶菜类蔬菜切割后的常见形状

形状	注意事项
丝	要求切得很细，如制作法式蔬菜沙拉时就需要将有的叶菜切成丝
片	要求大小均匀，如意大利杂菜汤里的蔬菜形状就有片
随意的形状	小型的叶菜做配菜时，往往只去掉叶柄。另外，在制作沙拉时，西方不用刀切生菜，而是用手随意撕成小片，这是因为用刀切的生菜其切口处易氧化变色，并有金属气味

（二）根茎类蔬菜的切割

在西餐中，根茎类蔬菜的加工最复杂，技术要求高，工作量也大。常用的根茎类蔬菜有土豆、萝卜、红菜头、芦笋等。按照西餐的传统做法，被切割后的根茎类原料常有以下几种形状，见表3–8：

表3–8　根茎类蔬菜切割后的常见形状

形状	注意事项
粒	为四方的小丁，主要用来装饰菜肴
丁	分两种，一种较小一些，约1cm见方，如配菜中的蔬菜丁；一种较大一些，约1.5cm见方，如什锦蔬菜沙拉中的丁
丝	约5cm长，有不同粗细
条	截面为正方形的长条，有不同的粗细、长短规格，如约5cm长的、3cm ~ 4cm长的

续表

形状	注意事项
片	分为薄片和厚片，有不同的形状
块	主要有方块和滚料块，除此之外还有以下形状。 （1）腰鼓形：分为大、小两种，形如腰鼓，这种形状加工难度较高，成品要求大小一致、表面光滑。 （2）橄榄形：这种形状与腰鼓形的加工方法相似，但成品形如橄榄，体积较小，土豆、胡萝卜等肉质较厚的蔬菜可以加工成这种形状。 （3）坚果形：这种形状也较难加工，它的形态如坚果，近似圆形。 （4）球形：可用特殊的金属球刀将根茎类蔬菜挖成一个个小圆球，加工起来很方便，且大小一致

三、肉类原料的切割

肉类原料种类很多，主要有牛肉、羊肉、猪肉、兔肉等，其切割方法大致相同。

（一）肉片、肉丝、肉丁的切割方法

1. 肉片的切割方法

适合切片的肉类部位主要有里脊、外脊和米龙部分。加工时要先去肥油，去骨，去筋，然后沿横断面切片。在西餐菜肴中，大片的原料用量较多，一般为10cm×6cm×1cm大小。常用的切割方法是直切或推拉切，如果肉质较老，可先用肉锤轻锤，再使其成形。

2. 肉丝的切割方法

适合切丝的肉类部位主要是臀肉，其肉质细嫩而纤维较长。因为西餐进餐主要用刀叉，所以肉丝不宜切割得太短、太细、太碎，一般规格为10cm×0.5cm×0.5cm。常用的切割方法是推切、拉切等。

3. 肉丁的切割方法

适合切丁的一般为不带筋、骨和油的瘦肉，如牛里脊、牛外脊等，一般规格为2cm×2cm×2cm。

（二）肉扒、肉排的切割方法

1. 肉扒的切割方法

在西餐中，肉扒是主要菜式之一。

（1）常用肉扒的切割

将里脊或外脊去肥油、去筋，去掉不用的头、尾，切成2cm～3.5cm长的肉块，再

将横断面朝上，用手按平，用肉锤锤成1.2cm～1.5cm厚的饼形，用刀将肉的四周收拢整齐。

（2）特殊肉扒的切割

将肥嫩的外脊去骨、去筋，用棉绳每隔约2cm捆一道，依次捆好。将捆好的外脊放入温度为180℃～220℃的烤箱中，根据客人的要求，烤制成不同的成熟度，然后取出，滤去油、血水，去掉绳子，用推切法切割成0.7cm～1cm厚的肉扒。

2. 肉排的切割方法

排是牛、羊或猪的脊背部分，因各地称法不同，故有时将不带骨的脊背部分也称为排。

（1）带骨牛排的切割

其加工方法是从牛肋骨中选7根最长的，用锯沿横断面锯掉2/3，然后去掉肥油，沿外侧用刀，将肉与脊骨分开，再用锯紧贴肋条，从一端锯到另一端，使肋骨与脊骨分开，最后从肋骨外侧约1/3处将剔骨刀插进肋骨间的连接部分，将其剔开，使肋骨充分显露，使其光滑整洁。

（2）羊排的切割

羊排也分为带骨的和不带骨的。

①带骨羊排的切割。切割时，用锯从羊脊骨的前端直至最后一根肋骨处沿横断面锯掉，使其成为两半；取其中一半，去掉表面筋皮，从脊骨往下留约15cm长，其余部分去掉；最后从肋骨外侧约1/3处将剔骨刀插进肋骨间的连接部分，将其剔开，使肋骨充分暴露，使其光滑整洁。加工好的羊排可整条烤制，也可用刀在两根肋骨中间切开剁断，逐块单独煎制。

②不带骨羊排的切割。除去带骨羊排中的骨头，将加工好的整条羊排肉横切成约2cm长，即成不带骨的羊排。

四、整理成型工艺

西式烹调中整理成型工艺是指根据菜肴风味特点要求，采取不同的手法，将原料加工成特定形状。

（一）捆

捆即捆扎，用食用线将原料捆扎整齐，是为了符合菜肴的特定要求。这种技法多用于整只的畜类、鱼类，以及块大、质薄且不规则的肉类部位，还有大片肉类中间需要裹入馅料的情况。捆扎的目的主要是固定原料的形状以防烹制时受热变形、使原料质地变得紧密、裹住馅料等。

1. 烤牛排的捆扎工艺

在室温下把牛排块（重量必须超过2kg）放置一段时间，去除牛的脂肪和筋。

（1）牛排平放，将线绳放在牛排一端的下面。

（2）线绳绕过牛排一端，系紧、打死结。

（3）间隔约2cm再将线绳绕过牛排，系紧、打结，以此类推，直至完成。

2.鸡的捆扎工艺

（1）放线绳于鸡身下面，在鸡尾部将线绳交叉，将鸡腿捆扎结实并打结。

（2）线绳绕过鸡腿，将鸡翅紧贴鸡身捆扎结实并打结。

（二）卷

卷有多种方法，其基本程序是在片状原料上放置不同的馅心，卷成不同形状的卷儿。根据成品的特点，卷儿的形状取决于馅心的形状，即馅料为圆柱形成品为圆柱形、馅料为橄榄形成品为橄榄形、馅料为茄形成品也为茄形。卷的方法大致可分为顺卷和叠卷两种。

1.顺卷

顺卷就是卷裹时由右或左顺一个方向卷起的操作方法。一般是在加工成薄片的原料上放上馅料，由右或左顺向卷起，使原料将馅料卷裹严密，并整理成特定的形状，如黄油鸡卷、鲜蘑猪排卷等。

2.叠卷

叠卷就是将馅料放在片状原料上，先将原料从左、右叠向中间，再由里向外卷起，整理成枕头形状的卷儿，如白菜卷、法式牛肉卷、煎饼卷等。

（三）填

填即填馅，是将原料掏去瓤做成“壳”状或者剔割成“袋”状，然后将馅料填入“壳”或“袋”中，之后再进行烹制的一种方法。蔬菜类掏去瓤为“壳”，有填馅青椒、填馅番茄、填馅西葫芦等；畜禽肉类经剔割做成“袋”，有填馅鸡、填馅鸭、填馅羊胸、填馅仔牛脯等。

（四）穿

穿就是穿串，即将加工腌制的块、片、段及小型整只原料，逐一穿在金属或其他材质的扦子上，使之成串的一种整型方法，如羊肉串、里脊串、整条鱼串等。穿串的要求是食物的块、条、面必须平整，以便于均匀受热、着色，使成品美观。

（五）裹皮

裹皮也叫挂皮、沾皮，即原料经过加工处理或初步整型后，烹调前在其表面拍或拖、沾上一层物料的工艺过程。它是某些制品的特定要求，也是西餐工艺中的一种传统技法。这种技法的适用范围较广，在煎或炸等烹调方法中，韧性原料大部分都要经过这道工序（部分蔬菜也要裹皮）。裹皮是原料加工很重要的一道操作程序，它对成品的色、香、味、形等各方面均有很大影响。原料裹皮一般有裹干面粉、裹蛋糊、裹鲜面包屑、裹面糊、裹奶油沙司和面包糠等。

复习思考题

1. 常见的刀法有哪些？
2. 西餐常见的料形有哪些？
3. 土豆常见的料形有哪些？
4. 简述禽类的分档、剔骨、出肉工艺。
5. 简述畜类原料的组织结构。
6. 果蔬类原料加工的基本要求是什么？
7. 鹅肝怎样加工？
8. 牛排如何加工？

项目四　西餐配菜制作工艺

学习目标

- 了解配菜概述
- 掌握配菜制作与西餐摆盘装饰技术

看电子书　看PPT

任务一　配菜概述

一、配菜的概念

主菜烹制完毕，装盘时常在主菜旁边或另一个盘内配上一定比例的经过加工处理的蔬菜或米饭、面食等，这些经过加工处理的蔬菜或米饭、面食等就是配菜（Side Dishes）。它与主菜等搭配后，组合成一份完整的菜肴。

二、配菜的作用

（一）增加颜色，美化造型

配菜以土豆类、蔬菜类（土豆除外）、谷物类食物为主，其中蔬菜类配菜色彩艳丽，加工精细；土豆类配菜色彩庄重，和主菜搭配相得益彰，使得菜肴整体美观。例如，黑胡椒牛排和沙司的色调都呈褐色，配菜就可以对此加以补充和完善，配以金黄色的土豆条等，使菜肴整体的色调和谐、悦目。

（二）营养搭配合理，有助于人体健康

主菜通常由动物性原料制作而成，配菜则一般由植物性原料制成，两者相互搭配，

使菜肴既含有丰富的蛋白质、脂肪，又含有丰富的维生素和矿物质；而且，肉菜属酸性食物，蔬菜大多属碱性食物，因此每份菜肴都可以通过合理的搭配来满足人体的营养需要，有助于人体健康。

（三）兼顾菜肴的色、香、味、形、质

主菜通常由动物性原料制成，口味、质地等较单一，但配菜的品种很多，配菜可以完善整份菜肴的口味，使配菜和主菜的颜色、香气、口味、形状和质地等相辅相成、相互衬托，从而使菜肴整体更加协调。西餐菜肴中，主菜和配菜的组合有一定的讲究，制作时应注意。

三、配菜的使用

配菜的使用有很大的随意性，但一份完整的菜肴在风格和色调上要统一、协调。常用的配菜有以下3种形式：

（1）以土豆和另外一两种颜色不同的蔬菜为一组的配菜，如炸土豆条、煮豌豆可以为一组配菜；烤土豆、炒菠菜、黄油花菜也可以为一组配菜等。这样的组合很常见，大部分煎、炸、烤的肉类菜肴都采用这种配菜形式。

（2）单独使用一种土豆制品的配菜。此种形式的配菜是根据菜肴的风味特点进行搭配的，如煮鱼配土豆、法式羊肉串配里昂土豆等。

（3）单独使用少量米饭或面食的配菜。米饭多用于带汁的菜肴，如咖喱鸡配黄油米饭；面食多用于配意大利式菜肴，如意式烩牛肉配炒通心粉等。根据西餐烹饪的习惯，不同类别、不同制作手法的菜肴要配以不同形式、不同种类的蔬菜。一般是水产类菜肴配土豆泥或煮土豆；禽类菜肴中，用煎、铁扒烹制方式制作或以平板炉为成熟工具的菜肴一般配土豆条、炸方块土豆、炒土豆片、煎土豆饼等；畜类菜肴中，白烩菜或红烩菜一般配煮土豆、土豆泥、雪花土豆或配面条、米饭；炸制菜肴一般可配德式炒土豆、维也纳炒土豆；烤制菜肴一般可配烤土豆；有些特色菜肴的配菜是固定的，如黄油鸡卷配炸土豆丝，有些新式菜肴的配菜是不固定的。

四、配菜与主菜的搭配

西餐菜肴与中餐菜肴一样，大多由主菜和配菜组成。中餐菜肴的配菜多与主菜混合制作，而西餐菜肴的配菜大多与主菜分开制作，单独的主菜构不成完整意义上的菜肴，只有通过配菜的补充，使主菜和配菜在色、香、味、形、质、营养等方面相互配合、相互映衬，才能形成一份完整、完美的菜肴。配菜与主菜搭配时要注意以下原则：

（1）注意配菜与主菜的颜色搭配，应使菜肴看上去整齐、和谐。鲜明的颜色可以

给人以美的感观体验，每份菜肴应有2～3种颜色，颜色单调会使菜肴呆板，颜色过多则显得杂乱无章。

（2）注意配菜与主菜数量的协调搭配，应突出主菜数量。主菜应占据餐盘的中心或2/3的区域，不要让主菜有过多装饰，也不要装入大量土豆类、蔬菜类（土豆除外）及谷物类食物，配菜数量永远要少于主菜。

（3）突出主菜的本味。不同风味的配菜不仅可以弥补主菜味道上的不足，还可以起到解腻、助消化的作用，但辅菜不可盖过主菜的风味。例如，炸鱼可以配柠檬片等。

（4）注意配菜与主菜质地的搭配。例如，土豆沙拉中可以放一些嫩黄瓜丁或火腿丁，蔬菜汤中可以放烤面包片，肉饼等质地软的主菜可以土豆泥等为配菜，等等。

（5）配菜与主菜的烹调方法应相互搭配。例如，红烩牛肉可以配蒸米饭等。

（6）配菜与主菜之间应保持适度空间，不要将食物混杂在一起，每种食物都应该有单独的空间，以使菜肴整体比例协调、匀称，达到最佳的视觉效果。

任务二 配菜制作与西餐摆盘装饰技术

一、配菜制作

（一）配菜的分类

配菜的种类很多，一般有土豆类、蔬菜类（土豆除外）和谷物类三大类。

1. 土豆类

以土豆为主要原料制成的菜肴。

2. 蔬菜类（土豆除外）

主要原料有胡萝卜、西芹、番茄、芦笋、菠菜、青椒、卷心菜、生菜、西蓝花、蘑菇、茄子、荷兰豆、黄瓜等。

3. 谷物类

主要原料有通心粉、玉米、蛋黄面、贝壳面、中东小米等。

（二）配菜常用的烹调方法

1. 沸煮

沸煮（Boiling）指利用沸煮后的水烹调食物的方法，是西餐中使用较广的烹调方法。这种烹调方法不仅能保持蔬菜原料的颜色，还能充分保留原料自身的鲜味及营养成分，使其具有清淡爽口的特点，如煮土豆、煮花菜、煮胡萝卜等。

2. 油煎

油煎（Fried）指使用少量的油在煎板上或煎锅里烹调食物的方法，如煎土豆、煎芦笋、煎蘑菇等。有些蔬菜汁多、易吸油，如茄子等，需要调味拍粉后再进行煎制。

3. 焖煮

焖煮（Braising）指先将原料与油拌炒，再加入适量的基础汤，用小火熬煮制成菜肴的方法，如焖紫卷心菜、焖煮圆白菜、焖酸菜、焖红菜头等。

4. 烘烤

烘烤（Baking）指把原料放入烤箱焙烤至熟的烹调方法。烘烤的蔬菜有自然的香甜味，且能保持原有的营养价值。烘烤以不影响色泽为佳，有些蔬菜为保证色泽和口感，需要用锡纸包裹后再进行烘烤，如烤土豆、烤龙须菜等。

5. 焗

焗（Grilled）指把经过加工处理的原料直接放入烤箱或在原料上撒些奶酪末或面包屑放到焗炉内，焗烤至熟的烹调方法，如焗西蓝花、焗意大利面等。

6. 炸

炸（Deep Fried）是将原料直接放入油中进行炸制或在原料表面裹上一层面糊炸制的方法。油炸的特点是菜肴成熟速度快，有明显的脂香味，具有良好的风味，如炸薯条等。

实训案例一　土豆类配菜

1. 法式炸薯条（French Fried Potatoes）

（1）原料

净土豆500g，番茄酱适量等。

（2）工具

油炸炉、厨刀、漏勺等。

（3）制作过程

①将土豆切成长约8cm、宽约0.8cm的条。

②放入约130℃的油炸炉中炸至浅黄色取出。

③上菜前再放入约150℃的油炸炉中，炸至金黄色取出，沥干油后配番茄酱食用即可，见图4–1（彩图37）。

图4–1　法式炸薯条

（4）质量标准

色泽金黄，口感酥脆。

2. 奶酪焗土豆泥（Baked Mashed Potatoes with Cheese）

（1）原料

土豆500g，奶油50g，鸡基础汤100g，蛋黄4个，盐5g，胡椒粉2g，黄油20g，奶酪粉50g等。

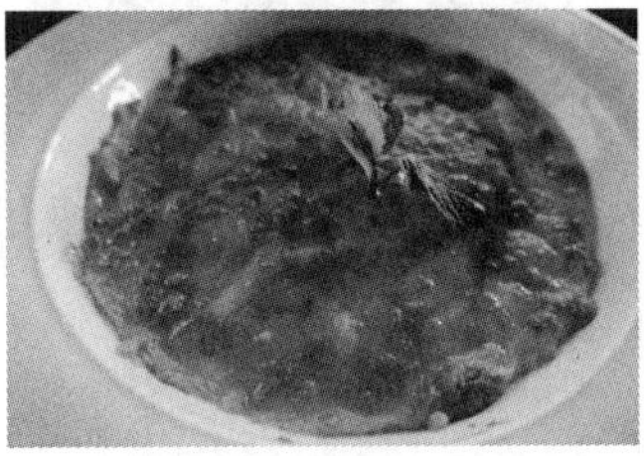

图4-2　奶酪焗土豆泥

（2）工具

烤箱、厨刀、裱花袋、筛子、勺子等。

（3）制作过程

①将外形完整、新鲜的土豆洗净、煮熟。

②把土豆一切为二，用勺子挖去中间的土豆肉，留约0.5cm厚的外边，制成土豆碗。

③将取出的土豆肉磨细过筛，与奶油、鸡基础汤、蛋黄、盐、胡椒粉、黄油混合，制成土豆泥。

④把土豆泥装入裱花袋，呈螺旋状挤在土豆碗中，撒上奶酪粉。

⑤放入约200℃的烤箱中烤至金黄色即可，见图4–2（彩图38）。

（4）质量标准

色泽金黄，口感香软。

3. 公爵夫人土豆（Duchess Potatoes）

（1）原料

土豆500g，黄油50g，蛋黄1个，豆蔻粉适量，生菜适量，盐适量等。

图4–3　公爵夫人土豆

（2）工具

烤箱、平底锅、厨刀、裱花袋等。

（3）制作过程

①将土豆洗净去皮，切块后放入盐水锅中煮熟。

②煮熟后的土豆块控干水分，碾成蓉状，加入黄油、蛋黄、豆蔻粉、盐搅拌均匀。

③把土豆蓉装入裱花袋中，挤出螺纹状花形，放在刷过油的烤盘上。

④将烤盘放入230℃～250℃的烤箱中烤制上色。

⑤将适量生菜装盘。

⑥最后将上色好的土豆摆放好即可，见图4–3（彩图39）。

（4）质量标准

色泽金黄，口感香软。

技能拓展

一、土豆泥（Mashed Potatoes）

1. 原料

土豆500g，牛奶150mL，黄油25g，盐3g，胡椒粉1g等。

2. 工具

沙司锅、打蛋器等。

3. 制作过程

（1）将土豆切块，放盐水中煮熟，牛奶加热备用。

（2）将煮熟后的土豆块控去水分，趁热捣成泥状，依次加入热牛奶、黄油，搅拌均匀，直至成糊状，再调以盐、胡椒粉即可。

4. 质量标准

色泽发白，口感细腻。

二、土豆球（Potato Balls）

1. 原料

土豆粉500g，牛奶200mL，盐、胡椒粉、豆蔻粉、番芫荽末适量等。

2. 工具

平底锅、厨刀等。

3. 制作过程

（1）将牛奶加热至60℃左右，慢慢加入土豆粉，边加边不停搅拌，直至成厚糊状，再以盐、胡椒粉、豆蔻粉调味。

（2）将厚糊制成直径约5cm大小的圆球。

（3）放入开水锅中，小火慢慢煮至土豆球浮起，捞出，用番芫荽末装饰即可。

4. 质量标准

色泽淡黄，口感软糯。

三、炸气鼓土豆（Puffed Potatoes）

1. 原料

土豆500g，盐5g等。

2. 工具

油炸炉、厨刀等。

3. 制作过程

（1）先将土豆加工成大小合适的长方体形状，再切成约0.3cm厚的片。

（2）用水将土豆片洗净，控干水分。

（3）将土豆片放入110℃～130℃的油炸炉中，炸至表面略微膨胀时捞出。

（4）再立即将经过炸制的土豆片放入150℃～160℃的油炸炉中，使其迅速膨胀、上色，捞出后控油，撒盐调味即可。

4. 质量标准

色泽淡黄，口感酥脆。

四、黄油煎薯片（Sauteed Potatoes）

1. 原料

土豆500g，黄油50g，盐3g，胡椒粉1g，番芫荽适量等。

2. 工具

油炸炉、水果刀、漏勺等。

3. 制作过程

（1）土豆去皮，切平两端，旋削成直径约5cm的圆柱体，再将其切成约0.3cm厚的圆片。

（2）切好的土豆圆片泡水洗净后，放入约140℃的油炸炉中，炸至浅黄色备用。

（3）上菜前用黄油将土豆圆片炒香，至金黄色，加入盐、胡椒粉调味，撒上番芫荽即可。

4. 质量标准

色泽金黄，口感酥脆。

五、里昂土豆（Lyonnaise Potatoes）

1. 原料

土豆500g，洋葱丝120g，黄油50g，盐3g，胡椒粉1g等。

2. 工具

平底锅、厨刀等。

3. 制作过程

（1）将土豆煮至半熟，去皮后切成约0.5cm厚的片，洋葱丝用黄油炒软。

（2）平底锅内放黄油，加热，倒入煮至半熟的土豆片，煎至两面金黄，再加入用黄油炒后的洋葱丝，继续煎制。

（3）煎好后加入盐、胡椒粉调味即可。

4. 质量标准

色泽金黄，口感酥脆。

六、橄榄土豆（Potato in the Shape of An Olive）

1. 原料

土豆500g，黄油30g，盐3g，胡椒粉2g，番芫荽适量等。

2. 工具

平底锅、厨刀等。

3. 制作过程

（1）土豆洗净后去皮，先切平两端，再将之纵向切为2瓣或4瓣，取其中一瓣，用刀从上端弧线状削至底端，使削面成为均匀的弧面，再削成约3cm长的橄榄形。

（2）用盐水将橄榄形土豆煮熟，捞出后沥干水分备用。

（3）用黄油炒香煮熟后的橄榄形土豆，加入盐、胡椒粉调味，撒上番芫荽即可。

4. 质量标准

色泽淡黄，口感软糯。

七、德式土豆（German Style Potatoes）

1. 原料

土豆500g，洋葱150g，培根100g，黄油50g，香叶2片，盐、胡椒粉各适量等。

2. 工具

平底锅、厨刀等。

3. 制作过程

（1）土豆去皮洗净后，切成约0.5cm厚的片，放入锅中煮熟，沥干水分。

（2）黄油初步炒香后，放入洋葱、香叶继续炒香，再加入培根，炒熟。

（3）放入煮熟后的土豆片、盐、胡椒粉，一起炒至熟透即可。

4. 质量标准

色泽金黄，口感香糯。

八、原汁烤土豆（Roast Potato with Liquid）

1. 原料

土豆500g，烤肉类原汁100g，盐10g，胡椒粉2g等。

2. 工具

烤箱、厨刀等。

3. 制作过程

（1）土豆去皮洗净，切成约0.5cm厚的片，炸至金黄色。

（2）过滤烤肉类原汁，加入盐、胡椒粉调味。

（3）将炸好的土豆片铺在烤盘中，倒入烤肉类原汁，放入约200℃的烤箱烤约10min即可。

4. 质量标准

色泽金黄，口感酥脆。

九、水手式土豆（Sailor's Potato）

1. 原料

土豆800g，芥末30g，肉汤1kg，灌肠200g，洋葱80g，盐5g，胡椒粉1g等。

2. 工具

平底锅、厨刀等。

3. 制作过程

（1）土豆洗净后入冷水锅，煮熟后去皮，切成小块；灌肠切片备用。

（2）洋葱与芥末拌匀后放入肉汤中煮制，加入盐、胡椒粉调味，再放入煮熟的土豆块，小火炖15min左右，最后加入灌肠片，稍煮一会儿即可。

4. 质量标准

色泽诱人，口感香糯。

实训案例二　蔬菜类配菜（土豆除外）

1. 奶酪白汁焗西蓝花（Broccoli with Mornay Sauce）

（1）原料

西蓝花200g，白汁50g，奶酪粉30g，盐少许等。

（2）工具

烤箱等。

（3）制作过程

①将西蓝花掰成小块，入沸水锅（加盐）焯熟，然后捞出过凉水。

图4-4　奶酪白汁焗西蓝花

②煮熟的西蓝花摆放在盘中，淋上白汁，撒上奶酪粉，然后放入约200℃的烤箱内烤至颜色金黄即可，见图4-4（彩图40）。

（4）质量标准

色泽诱人，奶香浓郁。

2. 维希胡萝卜（Vichy Carrots）

图4-5　维希胡萝卜

（1）原料

胡萝卜500g，香草50g，黄油100g，糖25g，盐3g等。

（2）工具

汤锅、厨刀等。

（3）制作过程

①胡萝卜去皮，削成橄榄形块状。

②取锅，加热，放入黄油、胡萝卜块、糖、盐翻炒，倒入少许清水，中火煮沸约20min，至胡萝卜软烂、汤汁收干。

③装盘，点缀上香草即可，见图4–5（彩图41）。

（4）质量标准

色泽诱人，口味鲜嫩。

技能拓展

一、煎番茄（Fried Tomatoes）

1. 原料

番茄500g，盐4g，白胡椒粉2g，面粉30g，色拉油适量等。

2. 工具

平底锅、厨刀等。

3. 制作过程

（1）番茄去蒂，洗净后切成约1cm厚的片，撒盐和白胡椒粉调味，然后均匀地裹上面粉。

（2）锅内放适量色拉油，烧至六成热左右时放入加工好的番茄片，将番茄片两面煎至上色即可。

4. 质量标准

色泽诱人，口感香软。

二、黄油花菜（Cauliflower in Butter）

1. 原料

花菜500g，黄油50g，盐5g，鸡基础汤300g，干面包糠50g等。

2. 工具

平底锅、厨刀等。

3. 制作过程

（1）将花菜掰成小块，洗净，入沸水锅中焯至七成熟，捞出过凉水。

（2）平底锅烧热后，将干面包糠倒入，焙成浅棕色，盛出备用。

（3）锅中倒鸡基础汤，加热后倒入焯熟的花菜，加盐调味，让鸡基础汤充分渗入花菜。

（4）黄油加热备用，将花菜捞出，摆入盘中，浇上黄油，撒上焙好的面包糠即可。

4. 质量标准

色泽诱人，口感鲜嫩。

三、奶油烤鲜蘑（Roasted Mushroom with Cream）

1. 原料

鲜蘑500g，黄油60g，奶汁沙司80g，奶油50mL，奶酪粉25g，盐3g，辣酱油15g等。

2. 工具

平底锅、厨刀、烤箱等。

3. 制作过程

（1）鲜蘑切成约0.2cm厚的片。

（2）平底锅中放入黄油，烧热后放鲜蘑片炒熟，加奶油、奶汁沙司、盐、辣酱油炒匀。

（3）装入烤盘，上面撒奶酪粉，淋黄油，放入约200℃的烤箱烤至上色即可。

4. 质量标准

色泽微黄，奶香浓郁。

四、烩茄子（Eggplant Stew）

1. 原料

茄子500g，培根50g，洋葱50g，香叶2片，番茄100g，番茄沙司50g，黄油20g，鸡基础汤100g，盐3g，辣酱油15g，胡椒粉1g等。

2. 工具

油炸炉、平底锅、厨刀等。

3. 制作过程

（1）茄子洗净去皮，切成边长约2.5cm的方丁，放入约170℃的油炸炉中炸至上色。

（2）番茄去皮，去籽，切丁。

（3）锅中加黄油，烧热后放培根、洋葱、香叶炒香，再倒入番茄丁、番茄沙司，炒至上色，加入鸡基础汤、茄丁，小火烧至入味。

（4）待茄丁变软，加入盐、胡椒粉、辣酱油调味即可。

4. 质量标准

色泽诱人，口感软嫩。

五、焖紫卷心菜（Braised Red Cabbage）

1. 原料

紫卷心菜300g，洋葱丝50g，鸡基础汤200g，红酒醋30mL，糖10g，盐、胡椒粉、黄油各适量等。

2. 工具

平底锅、厨刀等。

3. 制作过程

（1）将紫卷心菜洗净，剥成片状，切成丝。

（2）锅内放黄油，加热后放入洋葱丝，将洋葱丝煸炒出香味，再放入切好的紫卷心菜丝，炒软后加糖，炒至糖化。

（3）倒入鸡基础汤，转小火焖煮约15min，再倒入红酒醋焖煮约10min，待汤汁快收干时，加入盐和胡椒粉调味即可。

4. 质量标准

色泽诱人，口感软嫩。

六、酸黄瓜（Sour Cucumber）

1. 原料

嫩黄瓜500g，洋葱丝、芹菜段、胡萝卜片、蒜泥共80g，香叶1片，盐、胡椒粉各适量等。

2. 工具

冰箱、厨刀等。

3. 制作过程

（1）将嫩黄瓜洗净，切成约3cm长的段状。

（2）将洋葱丝、芹菜段、胡萝卜片、蒜泥、香叶、盐、胡椒粉和黄瓜段搅拌均匀，加开水，浸没黄瓜段。

（3）加盖儿密封后放入冰箱，利用黄瓜本身的特性自然发酵，约一周后即可食用。

4. 质量标准

色泽诱人，口味酸咸。

七、波兰式芦笋（Asparagus Polonaise）

1.原料

芦笋200g，鸡蛋1个，黄油20g，面包糠60g等。

2.工具

平底锅、厨刀等。

3.制作过程

（1）芦笋去掉老根及尾部老韧的纤维，放入盐水中煮熟，捞出过凉备用。

（2）鸡蛋连壳煮熟（不要煮得太老），用冷水浸一下，去壳后切碎备用。

（3）将面包糠炒香备用；将黄油融化备用。

（4）将处理好的芦笋摆放在盘中，淋上融化的黄油，撒上鸡蛋碎和炒好的面包糠即可。

4.质量标准

色泽诱人，口味鲜香。

八、普罗旺斯式焗番茄（Provencal Tomato）

1.原料

番茄250g，蘑菇350g，大蒜50g，番芫荽25g，面包糠50g，盐3g，胡椒粉1g，橄榄油、色拉油各适量等。

2.工具

烤箱、厨刀、平底锅等。

3.制作过程

（1）蘑菇切片，大蒜、番芫荽切碎。

（2）锅内放色拉油，烧热后放入大蒜末炒香，放入蘑菇片翻炒均匀，加入盐、胡椒粉炒熟。

（3）番茄洗净后对半切开并去籽，平放在烤盘内，上面放炒熟的蘑菇片，撒上面包糠和番芫荽末，淋上橄榄油，放入约200℃的烤箱中烤熟即可。

4.质量标准

色泽诱人，口味鲜香。

九、菠菜泥（Mashed Spinaches）

1.原料

菠菜500g，奶油沙司50g，黄油20g，洋葱末20g，盐3g，胡椒粉1g等。

2.工具

平底锅、厨刀等。

3. 制作过程

（1）菠菜去黄叶、根须，洗净后焯水，挤去水分，剁碎。

（2）平底锅内放黄油，加热后放入洋葱末，将洋葱末炒香，然后放入奶油沙司、处理好的菠菜，搅匀，炒好后再以盐、胡椒粉调味即可。

4. 质量标准

色泽诱人，口味鲜香。

十、炸花菜（Fried Cauliflower）

1. 原料

花菜500g，面粉100g，鸡蛋2个，牛奶50mL，盐、色拉油各适量等。

2. 工具

油炸炉、厨刀等。

3. 制作过程

（1）将花菜洗净，掰成小朵，用盐水煮熟，控干水分。

（2）将一部分面粉、蛋黄、牛奶放入碗中，搅成糊状，调入色拉油。

（3）将蛋清打成泡沫状，然后将其轻轻调入面糊中，混合均匀。

（4）用竹扦插住煮熟的花菜，先沾面粉，再蘸面糊。

（5）放入约160℃的油炸炉中炸至淡黄色捞出即可。

4. 质量标准

色泽诱人，外酥里嫩。

十一、培根焖芹菜（Braised Celery with Bacon）

1. 原料

芹菜100g，培根4片，蒜1瓣，洋葱10g，胡萝卜10g，干白葡萄酒200mL，布朗基础汤400g，黄油20g，番茄酱50g，盐3g，胡椒粉1g等。

2. 工具

烤箱、平底锅、厨刀等。

3. 制作过程

（1）芹菜去筋，取嫩茎部分5cm左右的段，用线绳将芹菜段两端捆好。

（2）将蒜切碎，洋葱、胡萝卜切丁，培根切成条。

（3）用黄油炒培根，加蒜末炒出香味，再加入洋葱丁及胡萝卜丁、番茄酱，炒至色红。

（4）加入芹菜段、干白葡萄酒、布朗基础汤、盐、胡椒粉。

（5）煮沸后加盖儿，放入约180℃的烤箱内烤约40min取出，将线绳解下。

（6）烤好的芹菜装盘，最后将焖汁浇在上面。

4. 质量标准

色泽诱人，口感软香。

十二、炒鲜蘑（Sauteed Mushrooms）

1. 原料

鲜蘑120g，黄油20g，盐、胡椒粉各少许等。

2. 工具

平底锅、厨刀等。

3. 制作过程

（1）鲜蘑择洗干净后切成片。

（2）平底锅内放黄油，加热后放入鲜蘑片，炒至浅黄色。

（3）放入适量的盐、胡椒粉调味，炒熟即可。

4. 质量标准

色泽诱人，口感香嫩。

十三、法式青豆（French-style Peas）

1. 原料

青豆200g，黄油50g，牛基础汤100g，生菜80g，盐3g，胡椒粉1g等。

2. 工具

平底锅、厨刀等。

3. 制作过程

（1）将青豆、生菜洗净，控干水分，然后将生菜切成丝。

（2）锅内放入黄油，烧热后放青豆煸炒，然后加牛基础汤，用盐、胡椒粉调味。

（3）熟后加入生菜丝，搅拌均匀即可。

4. 质量标准

色泽诱人，口感香嫩。

实训案例三　谷物类配菜

1. 黄油米饭（Butter Rice）

（1）原料

香米100g，黄油25g，洋葱碎10g，鸡基础汤200g，盐3g，胡椒粉1g，百里香1g，香叶1片等。

（2）工具

焖锅等。

（3）制作过程

①锅中放黄油，加热后将洋葱碎放入炒香，加入洗净的香米炒匀。

②锅中倒入鸡基础汤，煮沸后加盐、胡椒粉、百里香、香叶调味，加盖儿焖煮约25min。

③香米饭熟后取出香叶、百里香，加入少量黄油拌匀即可。

（4）质量标准

色泽淡黄，口感软糯。

2. 西班牙海鲜饭（Spanish Seafood Rice）

（1）原料

大米100g，各种海鲜（虾仁、墨鱼、海虹等）共100g，肉肠片50g，藏红花0.1g，各种蔬菜（青豆、蘑菇等）共80g，洋葱末、蒜末共25g，鱼基础汤250g，白葡萄酒50mL，番茄沙司70g，盐3g，胡椒粉1g，橄榄油适量等。

（2）工具

平底锅、烤箱等。

（3）制作过程

①蔬菜洗净，放入沸水锅中焯一下水，捞出沥干水分。

②锅中放橄榄油，加洋葱末、蒜末炒香，然后放入各种海鲜、肉肠片继续煸炒，加入白葡萄酒、藏红花翻炒，再加入大米和鱼基础汤，放入焯好的蔬菜，加番茄沙司、盐、胡椒粉调味。

③盖上锅盖儿，熟后再将其放入约180℃的烤箱中烤约30min即可。

（4）质量标准

色泽诱人，口味咸鲜。

3. 意大利蘑菇饭（Mushroom Risotto）

（1）原料

意大利米200g，洋葱末10g，白蘑菇片50g，干白葡萄酒30mL，蔬菜基础汤200g，盐3g，胡椒粉1g，橄榄油适量等。

（2）工具

焖锅等。

（3）制作过程

①锅中加橄榄油，烧热后放入洋葱末炒香，再放入白蘑菇片翻炒，加入意大利米继续翻炒。

②倒入干白葡萄酒，炒至酒汁收浓，再加入蔬菜基础汤，直至米达到七成熟，最

后以盐、胡椒粉调味。

（4）质量标准

色泽诱人，口味咸鲜。

4. 番茄饭（Tomato Pilaf）

（1）原料

番茄2个，番茄酱25g，大米250g，褐色基础汤500g，黄油200g，盐3g，黑胡椒粉1g等。

（2）工具

沙司锅、厨刀、汤锅等。

（3）制作过程

①番茄洗净后切粒，放入沙司锅，加黄油、黑胡椒粉、盐、番茄酱拌炒，用中火煮约5min，至汁液稍稠而滑时过滤备用。

②将煮好的番茄汁倒入汤锅，加适量褐色基础汤煮沸。大米淘净后倒入锅内，小火焖煮约20min，至大米软熟。

③将番茄饭装盘，再淋上融化的黄油即可。

（4）质量标准

色泽诱人，口味鲜香。

5. 意大利鸡肝饭（Italian Chicken Liver Risotto）

（1）原料

鸡肝500g，大米500g，洋葱100g，黄油100g，奶酪粉50g，鸡基础汤1kg，盐3g等。

（2）工具

焖锅、平底锅等。

（3）制作过程

①大米淘洗干净后放入焖锅，加鸡基础汤，煮至八成熟。

②将洋葱切碎、鸡肝切块，平底锅内加黄油，烧热后加入洋葱碎煸香，放入鸡肝块炒熟，加入盐调味。

③将炒后的洋葱碎、鸡肝块放入焖锅，与米饭拌匀，再加入适量鸡基础汤和黄油，小火焖至米饭熟软，上桌前撒上奶酪粉即可。

（4）质量标准

色泽诱人，口味鲜香。

6. 东方式炒饭（Oriental Rice）

（1）原料

大米500g，花生碎50g，煮鸡蛋1个，炸洋葱丁25g，黄油100g，盐3g，炸葡萄干25g等。

（2）工具

焖锅、厨刀、炒锅等。

（3）制作过程

①大米淘洗干净，加盐蒸熟，晾凉。

②用黄油将米饭炒透。

③煮熟后的鸡蛋切丁。

④放花生碎、炸洋葱丁、煮鸡蛋丁、炸葡萄干，和米饭一起拌匀即可。

（4）质量标准

色泽诱人，口感多样。

7. 奶酪烩饭（Cheese Risotto）

（1）原料

大米500g，黄油50g，洋葱碎50g，鸡基础汤1kg，奶酪粉100g，盐3g，胡椒粉1g等。

（2）工具

焖锅、厨刀等。

（3）制作过程

①锅中放黄油，融化后将洋葱碎放入锅中炒软，再加入大米翻炒。

②倒入鸡基础汤，加盖儿焖约20min。

③加入盐、胡椒粉调味，撒上奶酪粉拌匀，加盖儿再加热2min左右即可。

（4）质量标准

色泽淡黄，口味鲜香。

8. 意大利蔬菜饭（Italian Style Rice and Vegetables）

（1）原料

意大利米500g，意大利节瓜250g，番茄80g，胡萝卜50g，洋葱碎30g，奶酪粉20g，黄油100g，鸡基础汤1kg，番芫荽末、盐、胡椒粉各少许等。

（2）工具

平底锅、厨刀等。

（3）制作过程

①将意大利米淘洗干净，沥去水分，各式蔬菜切成细粒。

②锅内放黄油，将洋葱碎炒香，加入意大利米翻炒，再加入蔬菜粒翻炒均匀，倒入鸡基础汤，加盐、胡椒粉调味。

③大火烧沸后改小火，焖至汤汁收干，拌入黄油后装盘，撒上奶酪粉和番芫荽末即可。

（4）质量标准

色泽诱人，口味鲜香。

9. 海鲜锅巴饭（Crispy Rice with Seafood）

（1）原料

意大利米饭500g，蒜片40g，洋葱片50g，红甜椒片30g，胡萝卜片50g，白菜片200g，四季豆100g，虾150g，带子100g，蟹肉、鱼肉、鱿鱼共100g，盐3g，胡椒粉1g等。

（2）工具

炸锅、平底锅等。

（3）制作过程

①将煮熟的意大利米饭捏成扁球形，下炸锅炸成锅巴饭。

②将蒜片、洋葱片、红甜椒片下锅炒香，放入加工处理好的海鲜翻炒，再放入胡萝卜片与白菜片炒熟。

③加入盐、胡椒粉调味，最后加四季豆炒熟，配菜炒熟后铺放在锅巴饭上即可。

（4）质量标准

色泽诱人，口感鲜香。

10. 三文鱼醋饭（Vinegar Rice with Salmon）

（1）原料

米饭500g，白醋150mL，白砂糖80g，三文鱼150g，青瓜片50g，蛋皮丝30g，紫菜丝10g，胡萝卜丝20g，虾150g，鱿鱼片120g，三文鱼鱼子120g，洋葱丝50g，豉油15g，芥末3g，姜片适量等。

（2）工具

沙司锅、厨刀等。

（3）制作过程

①将白醋和白砂糖混合后煮至糖化，放凉后拌入米饭中备用。

②三文鱼以豉油、洋葱丝腌制数小时后切片。

③虾和鱿鱼片焯熟，把其他原料铺放在白醋饭上，最后放三文鱼鱼子及姜片，拌入芥末即成。

（4）质量标准

色泽诱人，口味多样。

11. 西班牙海鲜面（Spanish Seafood Pasta）

（1）原料

意大利面150g，各种海鲜（虾仁、墨鱼、海虹等）共100g，藏红花0.1g，各色橄榄共25g，鱼基础汤200g，干白葡萄酒25mL，蒜末、洋葱末、盐、胡椒粉各适量，香叶1片，橄榄油适量等。

（2）工具

沙司锅等。

（3）制作过程

①用开水将意大利面煮软备用。

②锅中放橄榄油，将蒜末、洋葱末炒香，再放入各种海鲜炒香。

③加干白葡萄酒翻炒，加入鱼基础汤、煮好的意大利面、橄榄、藏红花、香叶，以盐、胡椒粉调味，烧至汁水浓缩为原来的一半时即可。

（4）质量标准

色泽诱人，口味鲜浓。

12. 茄汁意大利面（Spaghetti with Tomato Sauce）

（1）原料

意大利面500g，番茄沙司50g，茴香碎0.5g，红辣椒碎50g，洋葱碎10g，西芹碎10g，盐、胡椒粉、橄榄油各适量等。

（2）工具

沙司锅等。

（3）制作过程

①将意大利面放入开水中煮软备用。

②锅中放入橄榄油，下洋葱碎、西芹碎、红辣椒碎炒香，加入番茄沙司和煮好的意大利面，翻炒均匀，最后加盐、胡椒粉、茴香碎调味即可。

（4）质量标准

色泽诱人，口味咸鲜。

13. 蔬菜千层面（Vegetable Lasagna）

（1）原料

牛肉酱220g，面皮3张，奶油汁、番茄汁、奶酪粉、罗勒叶各适量等。

（2）工具

烤盘、焗炉等。

（3）制作过程

①取大盘一个，在盘底倒上番茄汁，铺上一张面皮后放一层牛肉酱，再铺一张面皮，然后再放一层牛肉酱，最后盖第三张面皮并淋上番茄汁。

②放入约220℃的烤箱烤至熟透，取出。

③取出后，在上面浇上奶油汁，再撒一层奶酪粉，然后放入焗炉焗至金黄色即可，取出后用罗勒叶装饰。

（4）质量标准

色泽诱人，口味咸鲜。

二、西餐摆盘装饰技术

（一）摆盘装饰的特点

1. 主次分明，搭配协调

西餐菜肴在装盘时，要注意菜肴中原料的主次关系，主菜与配菜应层次分明、和谐统一，不能让配菜超越或掩盖作为中心的主菜。

2. 造型美观，精致高雅

西餐的摆盘技艺一般有平面几何造型方法和立体造型方法两种。前者主要利用点、线、面进行造型，是西餐最常用的摆盘方法。立体造型方法也是西餐摆盘常用的方法，是西餐摆盘的一大特色。平面几何造型方法旨在挖掘几何图形的形式美，追求简洁、明快的摆盘风格；立体造型方法旨在展示菜肴的空间美，追求自然立体感。

3. 讲究突破，回归自然

整齐划一、对称有序的摆盘会给人以秩序感，但常常也会让人觉得不灵动。西餐的摆盘往往力求打破这个常规，将美感与动感结合起来，使菜肴造型更加鲜活、美妙。此外，西餐在摆盘时喜欢使用天然的花草树木作为点缀物，遵从“点到为止”的装饰理念，目的是回归自然。

（二）摆盘装饰的形式

（1）主菜放在就餐者正前，蔬菜类、谷物类配菜和装饰物摆放在边缘。

（2）主菜放在盘子中间，沙司或装饰物摆在盘子的一边或主菜之上。

（3）主菜放在中间，蔬菜类配菜按照某种图案样式码在主菜周围。

（4）主菜放在中间，蔬菜类配菜随意地分布在主菜周围，旁边配沙司。

（5）谷物类或蔬菜类配菜放在中间，主菜切片后斜靠在配菜上面，其他蔬菜类配菜、装饰物或沙司放在盘子四周。

（6）主菜和土豆类、蔬菜类、谷物类配菜整齐地摆在盘子中间，沙司或其余的装饰物摆在外围。

（7）蔬菜类配菜放在中间，有时浇上沙司，主菜加工成不同形状，如片状、扁圆状等，围在蔬菜类配菜外面。

（三）摆盘装饰的注意事项

（1）要根据菜品规格选择大小合适的餐盘，这样食物就不会从盘子边缘滑落出来等。有时可撒一些香辛料、剁碎的番芫荽或淋一点沙司点缀在盘子边缘，适当的点缀可起到画龙点睛的作用，但过度则会使菜品的吸引力大打折扣。

（2）热食装热盘（加过温的餐盘），以便保持菜肴的温度；冷食上冷盘（未加热的餐盘）。

（3）配菜为谷物类时，通常摆放在主菜的左上方；配菜为蔬菜类时，通常摆放在主菜的右上方。无论配菜摆放在什么位置，主菜都要放在离就餐者最近的地方。

（4）配菜的装饰力求简洁、实用。摆盘要有组织，避免过于精致、华丽。

（5）大盘装饰无须特意准备，小盘装饰的许多原则都适用于大盘装饰，如整洁，颜色和形状相协调、统一，保持每种食品的独立性等。

（6）不要加不必要的装饰物。许多情况下，菜肴不加装饰物也足够漂亮，加上装饰物反而显得凌乱，破坏餐盘的美观性，同时也增加了成本。

（7）装饰物必须是可食的、无毒的，且要与主菜相得益彰。装饰物的摆放应以餐盘的整体设计为基础，而不是随便地堆放在盘子上。

（8）有时可以用另一只盘子提供配菜。如果配菜不能增加盘中食物的对比效果，如烤土豆配一块肉或炸薯条配鸡或鱼等，那么使用一只颜色不同的盘子提供配菜可能会改善就餐者的心情，提升用餐体验。

复习思考题

1. 什么是配菜？配菜的作用有哪些？
2. 配菜与主菜搭配有哪些注意事项？
3. 配菜分为哪几类？举例说明。其烹调方法是怎样的？
4. 摆盘装饰的特点有哪些？
5. 西式摆盘形式有哪些？装饰时需要注意哪些问题？

项目五　西餐沙司制作工艺

学习目标

- 了解沙司的概念、组成及作用
- 掌握沙司的制作

看电子书　看PPT

任务一　沙司概述

一、沙司的概念

沙司（Sauce）即调味汁、酱汁，通常指厨师专门制作的菜点调味汁。许多烹饪原料在烹调过程中都会产生一些汁液，这是菜肴的原汁，不能算作沙司。在西餐厨房里，沙司制作是一项单独的工序，由专业沙司厨师完成。沙司厨师不但要精通沙司制作，而且要通晓菜点制作。沙司厨师一般由经验丰富的厨师经过专门培训后担任，沙司厨师十分重要。沙司与菜肴分别制作是西式烹调的一大特点。

二、沙司的组成

（一）冷菜沙司

冷菜沙司往往指由植物油、白醋、盐、胡椒粉、辣酱油、番茄酱、辣椒汁等制作的沙拉酱及调味汁。

（二）点心沙司

点心沙司往往由白糖、黄油、奶油、牛奶、巧克力、水果、蛋黄等制作而成。

（三）热菜沙司

热菜沙司一般由原汤（及牛奶、黄油等）、稠化剂和调味料三部分组成。

1.原汤

原汤也称底汤或基础汤，除了直接用于制作开胃汤之外，主要用于西餐沙司的制作。在制作过程中，不同的原料要搭配不同的原汤，如牛肉菜肴要搭配牛原汤，鸡肉菜肴要搭配鸡原汤，鱼类菜肴要搭配鱼原汤等。在制作沙司的过程中，还会根据不同的沙司种类，使用牛奶、黄油等辅助原料，以增加沙司的风味与特色。

2.稠化剂

稠化剂通常用面粉、玉米粉、土豆粉等与油脂或水配制而成。在沙司制作的过程中，稠化剂中的淀粉因受热会发生糊化作用，使原汤（及牛奶、黄油）等变稠，从而使沙司达到一定的稠度，形成一定的质感。

（1）油面酱（Roux）

油面酱又被称为油炒面粉，用料为面粉、黄油或色拉油等油脂，其中以黄油炒制的为佳，因此下面介绍用黄油制作的油面酱。面粉与黄油的比例有3种情况：第一，面粉与黄油的比例为1∶1，这种比例炒成的油面酱适合西式快餐；第二，面粉与黄油的比例为1∶0.8，这种适合中高档的开胃汤和比较浓稠的沙司制作；第三，面粉与黄油的比例为1∶0.5，这种适合普通的沙司制作。

白色油面酱、黄色油面酱和褐色油面酱见表5–1。

表5–1　白色油面酱、黄色油面酱和褐色油面酱

<table>
<tr><td rowspan="3">油面酱</td><td>白色油面酱（White Roux）</td><td>面粉∶黄油=1∶1，烹调时间较短（1～2min），当酱体产生小泡时，应马上离火。
制作品种：牛奶白沙司</td></tr>
<tr><td>黄色油面酱（Blond Roux）</td><td>面粉∶黄油=1∶0.5，烹调时间稍长（2～3min），加热至面粉松散、呈浅黄色即可。
制作品种：基本白沙司</td></tr>
<tr><td>褐色油面酱（Brown Roux）</td><td>面粉∶黄油=1∶0.8，烹调时间较长（4～5min），加热至面粉松散、呈浅褐色即可。
制作品种：布朗沙司</td></tr>
<tr><td>注意事项</td><td colspan="2">制作时，先把黄油放入厚底沙司锅中加热至融化，然后加入过筛后的面粉，熘匀，改用小火并不停地翻搅面粉1～5min。炒好的油面酱不粘铲子（用木铲），呈松散、滑溜状。制作过程中应注意酱体升温不宜太快，而且制作浅色沙司或开胃汤（如奶油沙司、奶油汤等）时面粉的颜色应炒得浅些，制作深色沙司或开胃汤时面粉的颜色应炒得深些</td></tr>
</table>

（2）黄油面粉糊

黄油面粉糊由等量的黄油和面粉搅拌而成。这种糊常用于沙司或开胃汤制作的最后阶段，当发现沙司或开胃汤的稠度不理想时，可以使用少量黄油面粉糊增加稠度和光泽。

（3）调味料

西餐调味料种类较多，常见的有盐、胡椒粉、柠檬汁、番茄酱、辣酱油，以及各种调味用酒等。

三、沙司的作用

（一）确定和丰富菜肴的口味

这是沙司最主要的作用。在制作沙司时需要加一定量的调味品和各种基础汤等，这些呈味物质添加在菜肴中，对确定和丰富菜肴的口味、增进人们的食欲有着积极的作用。

（二）丰富菜肴的色泽和形态

不同的沙司有不同的色泽和形态，这些色、形特征具有装饰和点缀作用。另外，固体沙司的美化作用更加突出。厨师常常利用沙司的色泽、形状来丰富菜肴的色泽和形态。

（三）保持菜肴温度，改善菜肴口感

沙司大多具有一定的浓度，可以黏附在菜肴上面，这在一定程度上可以保持菜肴的温度，防止菜肴被风干。同时，不少原料在制作时会有不同程度的水分流失，而沙司里的水分恰好可以补充菜肴的水分，改善菜肴的口感。

（四）增加菜肴的营养

制作沙司的基础汤主要由鸡肉、鸡骨、牛肉、牛骨及鱼、虾、蟹等原料组成，这些原料含有极为丰富的营养成分，对于增加菜肴的营养有着非常重要的作用。

知识链接

沙司制作的关键步骤及注意事项

1. 关键步骤

（1）浓缩：以小火长时间浓缩沙司，使其味道浓郁，稠度增加，更富有光泽。

（2）去渣：以清汤或烹调用酒将粘于锅底的原料溶解，使沙司更具风味。

（3）过滤：调制的沙司经过过滤后才能拥有细腻的质地。

（4）调味：细心、准确的调味能为沙司“增色”。

2.注意事项

（1）严格按照配方制作沙司，不要随意添加配料和调味料。

（2）制作过程中要及时以木匙或打蛋器搅拌，以免煳底。如已经煳底，必须换锅制作。

（3）沙司制作结束时可以加入一些奶油或黄油，以增加沙司的光泽。

（4）热菜沙司要及时保温，防止结皮；冷菜沙司要及时冷藏。

任务二　沙司的制作

传统西餐中有数种基本的母沙司（Mother Sauce），其他沙司是在母沙司的基础上，通过创新改变而衍生的衍生沙司（Small Sauce）。现分述如下。

一、冷菜沙司

（一）马乃司沙司及衍生沙司

1.马乃司沙司（Mayonnaise Sauce）

又称蛋黄酱、沙拉酱、万里汁，是西餐中最基础的冷沙司，用途极为广泛。它以生鸡蛋黄作为乳化剂，利用脂肪的乳化作用，使乳液形成相对稳定的状态，见图5–1（彩图42）。

图5–1　马乃司沙司

实训案例一　马乃司沙司

（1）原料

鸡蛋黄2个，色拉油500g，芥末20g，柠檬汁60mL，盐15g，白醋10mL，胡椒粉适量等。

（2）制作过程

把鸡蛋黄放入盆中，加盐、胡椒粉、芥末搅拌均匀，然后徐徐淋入色沙拉油并用蛋抽不停搅打，使之融为一体。随着搅打的持续，糊体的颜色会慢慢变浅，黏度会逐渐增强，搅打会比较费力，这时可以加入一些白醋，使糊体变稀、颜色变白，可继续添加色拉油并搅打，重复这个过程，直到把色拉油加完，最后拌入其他辅料即可。

（3）质量标准

色泽发黄或乳白，有光泽，呈稠糊状，有清香及适口的酸、咸味，口感绵软细腻。

（4）保管方法

存放时要加盖子，防止因表面水分挥发而脱油；要避免强烈的振动，防止脱油；取用时应使用无油的干净器具，否则会脱油；一般应存放在5℃～10℃的室内或0℃以上的冷藏箱里，温度过高或过低都会导致脱油。

2.衍生沙司

马乃司沙司的衍生沙司见表5-2。

表5-2　马乃司沙司的衍生沙司

品种	制作过程
鞑靼沙司（Tartar Sauce）	把煮鸡蛋、酸黄瓜切成小丁，番芫荽切末，然后和马乃司沙司拌匀即可
千岛汁（Thousand Island Dressing）	把煮鸡蛋、酸黄瓜、青椒切碎，加入马乃司沙司、番茄沙司以及白兰地酒、柠檬汁、盐、胡椒粉，拌匀即可
法汁（French Dressing）	白醋、法国芥末、色拉油、清汤、洋葱末、蒜末、柠檬汁、嗯汁、盐、胡椒粉搅拌在一起，然后将其徐徐加到马乃司沙司里，拌匀即可
鱼子酱沙司（Caviar Sauce）	把黑鱼子酱和红鱼子酱与马乃司沙司搅拌均匀即可
绿色沙司（Green Sauce）	将菠菜泥和番芫荽末、他拉根香草与马乃司沙司搅拌均匀即可
尼莫利沙司（Remoulade Sauce）	将酸黄瓜丁、酸豆、他拉根香草与马乃司沙司拌匀即可

（二）油醋沙司及衍生沙司

1.油醋沙司（Worcestershire Sauce）

实训案例二　油醋沙司

（1）原料

色拉油200g，白醋50mL，洋葱末70g，盐10g，胡椒粉、杂香草适量等。

（2）制作过程

把以上原料混合后拌匀即可。

2. 衍生沙司

油醋沙司的衍生沙司见表5-3。

表5-3　油醋沙司的衍生沙司

品种	制作过程
渔夫沙司（Fisherman's Sauce）	把熟蟹肉切碎，放到油醋沙司里，搅拌均匀即可
挪威沙司（Norway Sauce）	将熟鸡蛋黄和鱼子酱搅碎，放到油醋沙司里，搅拌均匀即可
醋辣沙司（Ravigote Sauce）	把酸黄瓜、酸豆切碎，放到油醋沙司里，拌匀即可

（三）特别沙司（Special Cold Sauce）

实训案例三　特别沙司

常见的特别沙司有以下几种。

1. 金巴伦沙司（Cumberland Sauce）

（1）原料

红加伦果酱500g，橙皮5g，柠檬皮5g，橙汁10mL，柠檬汁100mL，波尔图酒150mL，英国芥末粉、红粉、盐等各适量。

（2）制作过程

橙皮、柠檬皮切丝后用清水煮沸，捞出晾凉，和其他原料一起放到红加伦果酱里，搅拌均匀即可。

2. 辣根沙司（Horseradish Sauce）

（1）原料

辣根200g，奶油100mL，柠檬汁50mL，盐、红粉等各适量等。

（2）制作过程

将辣根擦碎，把奶油打成膨松状，将所有原料拌匀即可。

3. 薄荷沙司（Mint Sauce）

（1）原料

薄荷叶50g，白醋400mL，白开水400mL，糖80g等。

（2）制作过程

把薄荷叶剁碎后与其他原料混合，上火煮透，晾凉即可。

4.意大利沙司（Italian Dressing）

（1）原料

色拉油500g，芥末50g，洋葱末50g，蒜末20g，酸黄瓜30g，黑橄榄30g，番芫荽10g，红醋50mL，干红葡萄酒50mL，柠檬汁20mL，黑胡椒10g，喼汁10g，盐、糖、他拉根香草、罗勒适量等。

（2）制作过程

把酸黄瓜、黑橄榄切末，黑胡椒碾碎。将除红醋以外的原料洗净拌匀后徐徐加入色拉油，边加边搅拌，直到把色拉油加完，最后加入红醋，拌匀即可。

5.奶酪汁（Cheese Dressing）

（1）原料

马乃司沙司20g，蓝奶酪50g，洋葱末50g，蒜末50g，水50mL，酸奶50g，白醋20mL等。

（2）制作过程

蓝奶酪用搅打器打碎后加到马乃司沙司里，然后依次加入其他原料，搅拌均匀即可。

二、热菜沙司

（一）布朗沙司及衍生沙司

1.布朗沙司（Brown Sauce）

实训案例四　布朗沙司

（1）原料

布朗基础汤10kg，洋葱、胡萝卜、芹菜各1kg，黄油50g，番茄酱500g，红酒50mL，雪利酒50mL，油面酱50g，盐15g，百里香3g，黑胡椒粒5粒，香叶数片，喼汁、胡椒粉适量等。

图5-2　布朗沙司

（2）制作过程

将洋葱、胡萝卜、芹菜洗净切碎，用黄油炒香，加入番茄酱，炒至暗红色。加入布朗基础汤、百里香、香叶、黑胡椒粒，小火煮制1～2h。加红酒、雪利酒、盐、胡椒粉、喼汁调味，并用油面酱调制浓度，最后过滤即可，见图5-2（彩图43）。

（3）质量标准

棕褐色，近似于流体，口味浓香。

2.衍生沙司

布朗沙司的衍生沙司见表5-4。

表5–4　布朗沙司的衍生沙司

品种	制作过程
烧汁（Gravy）	在布朗沙司内加入烤成褐色的小牛骨、鸡骨、牛腱子等，用文火熬煮至浓稠状态，过滤即成。常用于烧烤类菜肴的调味
罗伯特沙司（Robert Sauce）	把酸黄瓜、火腿切丝，蘑菇切片，用黄油将洋葱末炒香，加入酸黄瓜丝、火腿丝、蘑菇片，倒入布朗沙司稍煮，放芥末、柠檬汁，最后用奶油调浓度，用盐、胡椒粉调味即可。常用于猪肉类菜肴的调味
魔鬼沙司（Deviled Sauce）	把冬葱末和杂香草用干红葡萄酒煮透，再加入布朗沙司和烤肉原汁，煮透，最后用盐、胡椒粉调味，用奶油调浓度即可。常用于烤羊排、铁扒或煎的鱼类等的调味
红酒沙司（Red Wine Sauce）	用黄油把冬葱末炒香，加入红酒，再加入布朗沙司、他拉根香草，煮香，撒上番芫荽末即可。常用于煎小牛排的调味
猎户沙司（Chasseur Sauce）	用黄油把洋葱末炒香，加入蘑菇片炒透，控油，加入白葡萄酒，煮至汤汁浓缩为原来的一半时加入番茄粒、布朗沙司，用小火煮至微沸，加入番芫荽末、他拉根香草、盐、胡椒粉调味即可。主要用于牛排，以及烩牛肉、羊肉、鸡肉等的调味
马德拉沙司（Madeira Sauce）	将马德拉酒稍煮后加入布朗沙司，煮透，用盐、胡椒粉调味，过滤、晾凉后调入黄油即可。一般用于牛排、牛舌等的调味
鲜橙沙司（Orange Sauce）	将糖炒成棕红色，加入布朗沙司、柠檬皮末、橙皮、橙汁、橘子甜酒、白糖、杜松子酒，煮至适当的浓度后过滤即可。常用于配烤鸭
花旗沙司（American Sauce）	将洋葱、胡萝卜、培根切小片，芹菜切丁，杂香草用纱布包扎起来。将洋葱片、胡萝卜片、培根片、芹菜丁用黄油炒香，加入去皮、去籽、切丁的鲜番茄炒透。番茄酱用黄油炒出红油，加入蘑菇片略炒。把以上所有原料倒入布朗沙司，放上香料袋，小火煮约40min，过滤，用盐、胡椒粉、柠檬汁调味即可。适用于海鲜等的调味
黑胡椒沙司（Black Pepper Sauce）	洋葱末、蒜末用黄油炒香，加入黑胡椒末、红酒，小火煮制汤汁浓缩为原来的1/4左右，加入布朗沙司，煮透，用盐、胡椒粉调味即可，不用过滤。常用于牛排调味
里昂沙司（Lyonnaise Sauce）	又称布朗洋葱沙司。用黄油把洋葱丝炒香、炒软，加入红酒或白醋后充分浓缩，加入布朗沙司，煮透，用盐、胡椒粉调味即可。常用于小牛排、煎牛肝、鹅肝等的调味

（二）白沙司及衍生沙司

1. 白沙司（White Sauce）

实训案例五　白沙司

（1）原料

油面酱500g，白色基础汤2.5kg（白色牛基础汤、白色鸡基础汤或白色鱼基础汤），香叶5片等。

（2）制作过程

用小火加热白色基础汤，徐徐加入油面酱，用蛋抽不停地抽打，当油面酱和白色基础汤融为一体时，放入香叶并煮透，过滤即可，见图5–3（彩图44）。

图5–3　白沙司

（3）质量标准

色泽洁白，细腻有光泽，呈半流体状。

2. 衍生沙司

白沙司的衍生沙司见表5–5。

表5–5　白沙司的衍生沙司

品种	制作过程
蘑菇沙司（Mushroom Sauce）	在白沙司里加入蘑菇片，微煮后离火，加入蛋黄和奶油，搅拌均匀即可。一般用于烩鸡、烩鱼等的调味
酸豆沙司（Caper Sauce）	在白沙司内加入酸豆，煮透即可。主要用于煮羊腿调味
龙虾油沙司（Lobster Cream Sauce）	把龙虾壳、切碎的黄葱头、胡萝卜、芹菜、香叶、迷迭香、清黄油放入烤箱，烤至上色，加少量水和白兰地酒后再烤约30min，取出后过滤，即得虾油。在用鱼基础汤制作的白沙司里加入虾油、奶油，煮透即可
莳萝奶油沙司（Dill Cream Sauce）	在用鱼基础汤制作的白沙司里加入莳萝、白葡萄酒、奶油，煮透即可。常用于烩制海鲜类菜肴的调味
鲜虾沙司（Prawn Sauce）	在用鱼基础汤制作的白沙司里加入碎虾丁、白葡萄酒、奶油，煮透即可。常用于煎比目鱼的调味
他拉根沙司（Tarragon Sauce）	将他拉根香草放在白葡萄酒里煮软，加到用白色鸡基础汤制成的白沙司里，调入奶油，煮透即可。主要用于煮鸡等的调味
顶级沙司（Super Sauce）	在白沙司里加入切碎的蘑菇丁，煮透后过滤，离火，慢慢加入奶油、鸡蛋黄、柠檬汁，拌匀即可。主要用于煮鸡、烩鸡等菜肴调味
曙光沙司（Aurora Sauce）	在顶级沙司里加入番茄汁，使其有轻微的番茄味即可。一般用于煮鸡、煮鸡蛋等的调味

（三）荷兰沙司及衍生沙司

1. 荷兰沙司（Hollandaise Sauce）

实训案例六 荷兰沙司

（1）原料

新鲜鸡蛋黄10个，清黄油2kg，白葡萄酒200mL，黑胡椒粒1g，冬葱末100g，红酒醋60mL，柠檬半个，盐、胡椒粉、喼汁等适量。

（2）制作过程

将冬葱末、柠檬、黑胡椒粒、红酒醋等熬成浓汁，过滤后备用。把沙司锅放在50℃～60℃的热水内，将新鲜鸡蛋黄放到沙司锅里，加少量的白葡萄酒，用蛋抽慢慢搅打，再淋上温热的清黄油并不停地搅打，依次加入白葡萄酒、清黄油，使之融为一体，加入适量的盐、胡椒粉、喼汁及冬葱末、柠檬、黑胡椒粒、红酒醋，熬成浓汁，拌匀后置于温热处保存即可。

（3）质量标准

色泽浅黄，呈膏状，口感细腻清香、微咸酸。

2. 衍生沙司

荷兰沙司的衍生沙司见表5-6。

表5-6 荷兰沙司的衍生沙司

品种	制作过程
班尼士沙司（Bearnaise Sauce）	用白酒醋或白葡萄酒将他拉根香草煮软，加入荷兰沙司并撒上番芫荽末，拌匀即可。一般用于烤制、铁扒制肉类或者鱼类菜肴的调味
疏朗沙司（Choron Sauce）	在班尼士沙司内加入番茄汁和红粉拌匀即可。常用于配焗类菜肴
马尔太沙司（Maltaise Sauce）	在荷兰沙司里加入橙汁、橙皮丝，拌匀即可。一般配芦笋食用
莫士林沙司（Mousseline Sauce）	在荷兰沙司里加入奶油，拌匀即可。一般用于配焗类菜肴
牛排沙司（Foyot Sauce）	在班尼士沙司里加入少许烧汁，拌匀即可。常用于配牛扒类菜肴
拉维纪香草沙司（Lovage Sauce）	用雪利酒煮洋葱末、香叶、拉维纪香草，烧开后焐15min左右，取出香叶不用，加入荷兰沙司、盐、奶油、胡椒粉，拌匀即可。适用于水产类菜肴

续表

品种	制作过程
柠檬沙司（Lemon Sauce）	将柠檬剖开后挤汁，将汁（连皮肉）和白兰地酒、洋葱末、蘑菇末一起煮沸，焐15min左右，取出柠檬皮，加入荷兰沙司、盐、鲜奶油，拌匀即可。一般用于煮鱼等水产类菜肴调味，也适用于西蓝花、朝鲜蓟等蔬菜
波特沙司（Port Sauce）	用波特酒将百里香、香叶、洋葱末煮透，取出香叶不用，加入番芫荽末、荷兰沙司、盐、鲜奶油、胡椒粉，拌匀即可。适用于牛排等

（四）番茄沙司及衍生沙司

1.番茄沙司（Tomato Sauce）

实训案例七　番茄沙司

（1）原料

番茄5kg，番茄酱2kg，洋葱末2kg，大蒜末500g，糖300g，植物油500g，面粉500g，罗勒3g，百里香5g，香叶3片，盐、胡椒粉适量等。

（2）制作过程

将番茄洗净，用开水烫一下后去皮、去蒂、去籽、切碎，把洋葱末、大蒜末用植物油炒香，加入番茄酱，炒出红色，再加入面粉炒透，加入碎番茄拌匀，然后加入百里香、罗勒、香叶、盐、胡椒粉、糖，微火煮半个小时即可，见图5-4（彩图45）。

图5-4　番茄沙司

2.衍生沙司

番茄沙司的衍生沙司见表5-7。

表5-7　番茄沙司的衍生沙司

品种	制作过程
普鲁旺斯沙司（Provence Sauce）	用白葡萄酒把冬葱末、大蒜末煮透，加入番茄沙司烧开，再撒上番芫荽末、橄榄丁、蘑菇丁，拌匀即可
西班牙沙司（Spanish Sauce）	用黄油把洋葱末、青椒丁和大蒜末炒香，然后放入鲜蘑菇丁继续炒，再加入番茄沙司，小火煮透，用盐、胡椒粉、喼汁调味即可
葡萄牙沙司（Portuguese Sauce）	将洋葱丁用黄油炒香，加入番茄丁、大蒜末，用小火煮到原来分量的1/3时加入番茄沙司，继续加热，用盐、胡椒粉、喼汁调味，撒番芫荽末即可
克里奥尔沙司（Creole Sauce）	在番茄沙司内加入洋葱丁、西芹丁、青椒丁、大蒜末、香叶、百里香、柠檬汁，煮约15min，用盐、辣椒粉调味即可

（五）咖喱沙司及衍生沙司

1. 咖喱沙司（Curry Sauce）

实训案例八　咖喱沙司

（1）原料

咖喱粉350g，咖喱酱500g，姜黄粉100g，什锦水果（香蕉、苹果、菠萝）600g，鸡基础汤6kg，洋葱100g，大蒜70g，生姜120g，青椒100g，土豆2个，植物油100g，辣椒4个，香叶5片，丁香2粒，椰子奶200mL，盐适量等。

（2）制作过程

把各种蔬菜洗净，洋葱、青椒切块，大蒜、生姜拍碎，土豆去皮后切片。用植物油把洋葱块、大蒜末、生姜末炒香，加入咖喱粉、咖喱酱、姜黄粉、辣椒、香叶、丁香炒香，再加入土豆片、青椒块、什锦水果略炒，加入鸡基础汤，微火煮1～2h，煮至蔬菜、水果较烂时，用粉碎机打烂，加入盐、椰子奶，烧开后过滤即可。如果浓度不够，可以加适量的油面酱调整。

（3）质量标准

色泽黄绿，呈半流体状，口感细腻浓香、辛辣微咸，果味浓郁。

2. 衍生沙司

咖喱沙司的衍生沙司见表5-8。

表5-8　咖喱沙司的衍生沙司

品种	制作过程
奶油咖喱沙司（Cream Curry Sauce）	在咖喱沙司内加入适量的鲜奶油，用小火煮透即可。常用来配煎鱼等

（六）黄油沙司（Butter Sauce）

黄油沙司是以黄油为主料制作的沙司，大多数为固体，黄油沙司主要用于特定的热菜。

实训案例九　黄油沙司

常见的黄油沙司有以下几种。

1. 巴黎黄油（Cafe de Paris Butter）

巴黎黄油又叫香草黄油（Spice Butter），主要用于焗、烤、铁扒类菜肴。

（1）原料

黄油1kg，法国芥末20g，冬葱碎125g，小葱碎50g，酸豆20g，牛膝草5g，莳萝5g，他拉根香草10g，银鱼柳8条，大蒜3粒（切末），白兰地酒50mL，马德拉酒50mL，喼汁5g，红粉5g，柠檬皮5g，橙皮5g，橙汁5mL，鸡蛋黄4个，盐、胡椒粉适量等。

（2）制作过程

一部分黄油软化后打成奶油状，用另外的黄油将冬葱碎、小葱碎、蒜末炒香、炒软，加入其他原料（鸡蛋黄除外）略炒，晾凉，然后放入软化的黄油，加入鸡蛋黄拌匀即成。把制好的巴黎黄油用油纸卷成卷儿或者放在裱花袋挤成花形，然后放冰箱冷藏备用即可。

2. 蜗牛黄油（Snail Butter）

一般用于焗蜗牛。

（1）原料

黄油90g，红葱碎20g，大蒜末20g，西芹碎10g，番芫荽末10g，盐5g，黑胡椒粉适量，柠檬汁15mL等。

（2）制作过程

黄油加热软化后加入红葱碎、大蒜末、西芹碎炒香，加入柠檬汁搅拌均匀，再加入番芫荽末、盐、黑胡椒粉调味即可。

3. 柠檬黄油（Lemon Butter Sauce）

可配牛扒，如果再放些莳萝，可用于配煎海鲜。

（1）原料

黄油1kg，柠檬汁50mL，番芫荽末5g，喼汁10g，盐、胡椒粉适量等。

（2）制作过程

黄油软化后打成奶油状，加入柠檬汁、喼汁、盐、胡椒粉、番芫荽末，搅匀即可。

4. 文也沙司（Meunière Sauce）

多用于配海鲜类菜肴。

（1）原料

黄油1kg，酸豆10g，炸面包10g，番芫荽末5g，柠檬肉丁10g，白葡萄酒50mL，柠檬汁50mL，盐、喼汁、胡椒粉适量等。

（2）制作过程

白葡萄酒、柠檬汁、喼汁加热后放入黄油，不停地搅拌，至黏稠上劲后放入其他原料即可。

5. 缇鱼黄油沙司（Anchovy Sauce）

常用于煎、铁扒制鱼类菜肴。

（1）原料

黄油50g，缇鱼柳25g，盐、胡椒粉适量等。

（2）制作过程

先将黄油软化处理好，再将缇鱼柳切碎，与软化好的黄油混合，然后加入盐、胡椒粉调味，用油纸卷成卷儿，放冰箱冷藏备用即可。

6.番芫荽黄油（Parsley Sauce）

常用于铁扒制肉类菜肴。

（1）原料

黄油100g，番芫荽末10g，柠檬汁、盐、胡椒粉适量等。

（2）制作过程

黄油软化后打成奶油状，加入柠檬汁、盐、胡椒粉、番芫荽末搅拌均匀，然后用油纸卷成卷儿，放入冰箱冷藏备用即可。

（七）蔬菜水果沙司（Vegetable and Fruit Sauce）

蔬菜水果沙司是因为现代人追求健康、时尚，提倡素食而慢慢流行的一类沙司，它以蔬菜、水果为主要原料，是用搅拌器搅打成汁制成的。

实训案例十 蔬菜水果沙司

1.红椒沙司（Paprika Sauce）

主要配蔬菜类菜肴。

（1）原料

红柿子椒500g，红粉5g，奶油50g，黄油10g，干白葡萄酒20mL，柠檬汁10mL，盐10g，杂香草2g等。

（2）制作过程

把红柿子椒放在扒板上扒至外皮较软，然后剥去外皮；把去皮的红柿子椒及其他原料放入搅拌器里搅打成浓汁即可。

（3）质量标准

色泽艳红，呈半流体状，口感鲜香、咸酸、微辣。

2.葡萄沙司（Grape Sauce）

常用于配煎鹅肝。

（1）原料

鲜葡萄500g，苹果50g，冬葱50g，烧汁200g，干红葡萄酒250mL，糖20g，盐10g，黄油50g等。

（2）制作过程

鲜葡萄去皮、去籽，用干红葡萄酒腌12h，再用搅拌器搅打成浓汁；冬葱及苹果切成小丁，用黄油炒香，再加入葡萄汁及烧汁，调入糖、盐煮成浓汁，过滤即可。

（3）质量标准

色泽深红，味香浓郁。

复习思考题

1. 什么叫沙司？如何分类？
2. 布朗沙司怎么制作？可以衍变出哪些沙司？
3. 制作沙司一般需要什么原料？
4. 白沙司怎么制作？可以衍变出哪些沙司？
5. 番茄沙司怎么制作？可以衍变出哪些沙司？
6. 荷兰沙司怎么制作？可以衍变出哪些沙司？
7. 马乃司沙司怎么制作？可以衍变出哪些沙司？

项目六　西餐汤类制作工艺

学习目标

- 掌握基础汤及高汤制作
- 了解汤菜概述
- 掌握汤菜的制作

看电子书　　看PPT

任务一　基础汤及高汤制作

西餐中的汤菜、沙司、热菜制作一般都离不开用牛肉、鸡肉、鱼肉等调制的汤，这种汤被称为基础汤（Stock）。

一、基础汤

基础汤又称原汤、汤底或底汤。基础汤是用动物性原料，以及蔬菜、香料和水经较长时间熬制而成的。它的使用范围十分广泛，可以用于汤菜和部分基础沙司以及部分热菜的制作。它的质量对这些菜肴的质量起着决定性的作用。一些具有针对性的基础汤，如蔬菜基础汤、虾基础汤等，使用范围比较局限，只用于同类原料制作的菜肴。基础汤中以牛基础汤、鸡基础汤和鱼基础汤的使用范围最广。基础汤按颜色可分为两种，即白色基础汤和褐色基础汤；按原料可分为牛、鸡、鱼、羊等基础汤。通常，使用哪类原料制作菜肴便使用哪种基础汤，或者是由菜肴的颜色决定使用哪种颜色的基础汤。

（一）牛基础汤

牛基础汤（Beef Stock）以牛肉或牛骨为主要汤料煮制而成。根据煮制时间不同，牛基础汤可分为白色基础汤和褐色基础汤两种。

白色基础汤（White Stock），又称怀特基础汤，以牛骨（或牛肉）、蔬菜、香料等调味品为原料，冷水入锅，大火烧沸后转小火炖制6～8h，然后过滤即成。其特点是清澈透明，汤鲜味醇，香味浓郁，无浮沫。牛骨、牛肉与水的比例一般为1∶3，如果用于高档宴会，原料与水的比例可以是1∶2，比例不宜过低，否则汤就失去了鲜味，从而影响菜肴的质量。白色基础汤主要用于白色汤菜、白沙司等的制作。

褐色基础汤（Brown Stock），也称棕色基础汤或布朗基础汤，它使用的原料与白色基础汤基本相同，只是先将牛骨（或牛肉）等烤成褐色，熬煮时加上适量的番茄酱或剁碎的番茄调色。原料与水的比例一般为1∶3，煮6～8h，过滤后即成。其特点是颜色为浅褐色微带红色，浓香鲜美，略带酸味。褐色基础汤中最常见的是牛布朗基础汤，此外还有鸡布朗基础汤、鸭布朗基础汤、猪布朗基础汤、虾布朗基础汤等。褐色基础汤主要用于制作禽畜类菜肴等。

实训案例一　牛基础汤的制作：白色基础汤

1. 原料

牛骨、小牛肉碎料5kg，水12L，洋葱600g，芹菜300g，百里香3g，法香5g，香叶1g，丁香3粒，白胡椒粒3g等。

2. 制作过程

（1）洋葱去皮，洗净，切成块；芹菜去掉叶和根部，洗净，切成段。

（2）切碎牛骨、小牛肉碎料，用冷水洗净，放入汤锅，加入冷水，大火煮开，煮开后把水全部倒掉，然后加入水、香料和蔬菜，大火煮开后改小火，炖煮约4h，用勺子随时撇去基础汤表面的浮沫。

（3）煮制完毕，撇去表面的浮油，过滤即可。

3. 质量标准

汤汁清澈，肉香浓郁。

4. 制作要点

（1）煮制时不要给汤锅加盖子。

（2）小牛肉碎料可用牛肉碎料代替。

实训案例二　牛基础汤的制作：褐色基础汤

1. 原料

碎牛骨8kg，肥膘100g，水15L，洋葱200g，芹菜100g，胡萝卜100g，番茄酱500g，猪皮100g，盐15g等。

2. 制作过程

（1）把碎牛骨、肥膘放在烤盘上，放到约190℃的烤箱中烤制，待碎牛骨烤成褐色时取出。

（2）洋葱、胡萝卜去皮，洗净，切成块；芹菜去掉叶和根部，洗净，切成段。然后把这些原料盖在烤好的碎牛骨上，再加入番茄酱一起烤约30min，直至所有原料成为褐色。

（3）烤好后放入汤锅，并加水、猪皮和盐，大火煮开后改小火，炖煮5～6h。

（4）煮制完毕撇去表面的浮油，过滤即可。

3.质量标准

色泽为褐色，有浓郁的肉和蔬菜的混合香味。

4.制作要点

（1）牛骨有脊骨和棒骨之分。

（2）猪皮或肥膘也可用其他肥肉代替。

（二）鸡基础汤

鸡基础汤（Chicken Stock）由鸡骨、蔬菜、调味品制成。它的特点是微黄、清澈、鲜香。制作方法与白色基础汤相同，鸡骨与水的比例一般为1∶3，炖制时间为2～4h。制作鸡基础汤时可放些鲜蘑，以完善鸡基础汤的色泽，增加鲜味。

实训案例三 鸡基础汤

1.原料

鸡骨6kg，冷水12L，洋葱500g，芹菜200g，百里香3g，法香5g，香叶1g，丁香2g，白胡椒粒3g等。

2.制作过程

（1）洋葱去皮，洗净，切成块；芹菜去掉叶和根部，洗净，切成段。用冷水将鸡骨洗净后放入汤锅，加入冷水，煮开，把水倒掉。

（2）重新加入冷水，加入处理好的蔬菜和香料，大火煮开后改小火，炖煮约4h。

（3）煮制的过程中要随时撇去鸡汤表面的浮沫。

（4）煮制完毕过滤放凉即可。

3.质量标准

色泽为白色，有浓郁的鸡肉和蔬菜的混合香味。

4.制作要点

用冷水洗鸡骨时要去掉鸡胸腔内的淤血等。

（三）鱼基础汤

鱼基础汤（Fish Stock）由鱼骨、鱼边角料或碎肉（或有壳的海鲜类）、蔬菜等熬煮而成。它的特点是无色，有鱼肉的鲜味。其制作方法与白色基础汤相同，炖制时间约为1h。在制作鱼基础汤时，可以加入适量的白葡萄酒（或柠檬汁）和鲜蘑，以去其腥味，增加鲜味。

实训案例四 鱼基础汤

1. 原料

鱼骨6kg，水10L，洋葱100g，芹菜50g，蒜2粒，白蘑菇100g，香叶2g，丁香2g，黄油80g，白葡萄酒500mL，盐15g等。

2. 制作过程

（1）鱼骨切碎；洋葱去皮，洗净，切成块；芹菜去掉叶和根部，洗净，切成段；白蘑菇洗净，切成块。

（2）汤锅加热，用黄油炒香处理好的蔬菜，然后加入碎鱼骨、水、香料、白葡萄酒、盐，大火煮开后改小火，炖煮约30min。煮制过程中要随时撇去鱼汤表面的浮沫。

（3）煮制完毕过滤放凉即可。

3. 质量标准

色泽为白色，有浓郁的鱼和蔬菜的混合香味。

4. 制作要点

（1）鱼骨要选用白色的鱼骨。

（2）煮制时间不宜过长。

（四）蔬菜基础汤

蔬菜基础汤（Vegetable Stock）又称清菜汤，是不以动物性食品原料为主料，而以蔬菜为主料熬制而成的基础汤，有白色蔬菜基础汤和褐色蔬菜基础汤之分，可用于蔬菜、水产品类菜肴的制作。

实训案例五 蔬菜基础汤

1. 原料

肥膘150g，洋葱300g，扁叶葱300g，芹菜150g，洋白菜150g，番茄100g，茴香头100g，大蒜5粒，香叶1g，丁香1g，水12L，盐15g等。

2. 制作过程

（1）洋葱去皮，洗净，切成块；芹菜、扁叶葱去掉叶和根部，洗净，切成段；洋白菜去掉老叶和根部，洗净，切成宽条；茴香头、番茄洗净，切成块。

（2）用肥膘先将处理好的洋葱和扁叶葱炒出香味，再加入已经处理好的其他蔬菜，炒至呈透明状，然后加入水、盐、大蒜、香料，炖煮约4h。

（3）煮制完毕过滤放凉即可。

3. 质量标准

色泽为白色，有蔬菜和香草的混合香味。

4. 制作要点

（1）可用培根代替肥膘。

（2）煮制时间不宜过长。

二、高汤

高汤在西式烹调中有着极为重要的地位，好的高汤可以使菜品口感更加丰富。西餐里的高汤一般可以分为牛高汤、鱼高汤、鸡高汤等。

实训案例六 牛高汤

1. 原料

牛基础汤500g，洋葱碎60g，胡萝卜片30g，芹菜段30g，鸡蛋2个，瘦牛肉末300g，香叶1片等。

2. 制作过程

（1）将瘦牛肉末、洋葱碎、胡萝卜片、芹菜段与鸡蛋清搅拌均匀。

（2）取汤锅一只，倒入牛基础汤，将搅拌均匀的瘦牛肉末等倒入汤中。汤锅上火，慢慢加热，放入香叶，不断搅动。

（3）当肉末等和鸡蛋清的混合物渐渐凝固并上浮至汤的表面时，转小火炖煮。

（4）撇去表面的浮沫，将汤体过滤一遍。在撇去汤表面的浮沫之前，可向汤中加少量冷水，使汤停止沸腾，以使更多的脂肪和杂质浮至汤面，撇除干净。

（5）汤体冷却后若不立即使用，可将汤放到密闭的容器中进行冷藏。

3. 质量标准

汤汁清澈透明，香味浓郁，滋味醇厚，胶质丰富，无油迹。

按照以上烹饪方法可以制作鱼高汤、鸡高汤、猪高汤、火腿高汤、白色小羊骨高汤和各种野味高汤等，使用相应的基础汤和肉末替换牛基础汤和瘦牛肉末即可。

任务二 汤菜概述及其制作

一、汤菜概述

在欧美人的饮食习惯中，汤常是一道菜，故其所谓的汤菜往往是我们通常所说的汤。汤菜以原汤为主要原料，配以海鲜、肉类或蔬菜等，经过调味，盛装在汤盅或汤盘内。西餐的汤风味别致，花色多样，世界各国都有其代表性汤菜。例如，法国的洋葱汤、意大利的蔬菜汤、俄罗斯的罗宋汤、美国的奶油海鲜巧达汤等。汤面上常常放一些小料，用以装饰，常用的小料有以下几种：

（1）炸面包丁，即经黄油炸或炒成金黄色的面包丁。

（2）蛋羹丁，即切成小方块的鸡蛋羹。

（3）菜丝，即切成细丝的各类蔬菜。

（4）菜丁，即切成丁的块茎类蔬菜。

（5）奶酪，即切成小片的奶酪或涂有奶酪的面包。

（6）无味的饼干，如苏打饼等。

（7）西芹（番茄碎）。

（8）咸猪肉片，即炒香的培根片。

小料可以增加汤的整体效果，起到画龙点睛的作用。

在西餐中，汤菜担任着重要的角色。其既可作为西餐中的开胃菜、辅助菜，又可作为主菜。汤中大都含有丰富的鲜味物质和有机酸等，有刺激胃液分泌、增进食欲的作用。由于它富有营养，易于消化和吸收，因此常出现在欧美人日常生活的食谱中。另外，它成本低，家庭和饭店可以充分利用食品原料。随着人们对饮食的爱好趋向简单、清淡和富有营养，汤菜愈加为当代欧美人所青睐。汤菜以原汤作为主要原料，其质量依赖于原汤的质量。汤的种类众多，分类方法也各不相同，大致可分为三大类，即清汤、浓汤、特殊风味汤。

二、汤菜制作工艺

（一）清汤

清汤（Clear Soup），顾名思义，指清澈透明的汤。它通常以白色牛原汤、褐色牛原汤为原料，经过调味，配上适量的蔬菜和熟肉制成，特点是清澈、透明、味道鲜美。

清汤可分为三种：

（1）原汤清汤（Broth）：原汤直接制成的汤，通常不过滤处理。

（2）浓味清汤（Bouillon）：原汤过滤、调味后制成的汤。

（3）特制清汤（Consommé）：原汤经过特别加工处理后制成的汤。通常的制作过程为：将牛肉丁与鸡蛋清、胡萝卜块、香料和冰块搅拌均匀，然后放到牛原汤中，用小火再炖2～3h，使汤再次吸收牛肉味道，并使汤中漂浮的小颗粒黏附在鸡蛋和牛肉上，经过滤，汤会格外清澈、香醇。这种汤适用于扒房（高级西餐厅）。

实训案例一 鸡清汤（Chicken Consommé）

1. 原料

鸡原汤1kg，鸡肉1kg，胡萝卜40g，西芹50g，洋葱75g，盐6g，鸡蛋4个，白胡椒粉1g等。

图6–1 鸡清汤

2. 制作过程

（1）将鸡肉切成丝，胡萝卜和西芹切末，洋葱切成厚片。

（2）将鸡肉丝和蛋清、胡萝卜末、西芹末搅拌均匀，洋葱片煎成褐色，加到鸡原汤中煮制约2h，过滤后加盐、白胡椒粉调味，盛入汤盘即可，见图6–1（彩图46）。

3. 质量标准

色泽浅褐，味鲜而香。

实训案例二 菜丝清汤（Vegetable Consommé）

1. 原料

牛原汤1kg，胡萝卜40g，白萝卜50g，芹菜50g，洋白菜50g，盐6g等。

图6–2 菜丝清汤

2. 制作过程

（1）把各种蔬菜切成丝，用沸水烫一下，再用清水冲凉，控净水分。

（2）将处理好的菜丝放到牛原汤内，开火煮透，加盐调味即可，见图6–2（彩图47）。

3. 质量标准

色泽浅褐，清澈透明。

（二）浓汤

浓汤（Thick Soup）是不透明的液体，主要原料为原汤，配以奶油或油面酱。

实训案例三 奶油蘑菇汤（Cream of Mushroom Soup）

1. 原料

黄油340g，洋葱末340g，面粉250g，鲜口蘑680g，白色原汤1.5kg，奶油750mL，盐、白胡椒粉适量等。

2. 制作过程

（1）将黄油放到厚底锅中加热，用微火使其融化，

图6–3 奶油蘑菇汤

然后加入洋葱末和鲜口蘑片，微火煸炒片刻，使其出味，不要使它变成褐色。

（2）将面粉加到锅中，与洋葱末和鲜口蘑末混合煸炒数分钟，用微火炒至面粉呈浅黄色。将白色原汤徐徐倒入锅中，并不断搅拌，使白色原汤和面粉完全融合，烧开，使汤变稠，撇去浮沫，注意，洋葱和鲜口蘑不能煮过。将汤倒入料理机，打碎后过滤，再加热，使其保持一定的温度，但是不要将它煮沸，然后以盐和白胡椒粉调味。

（3）上桌前，在汤中加入奶油，并搅拌均匀。用原汤将鲜口蘑片煎熟，然后将其加到汤中，稍作装饰，见图6–3（彩图48）。

实训案例四　奶油胡萝卜泥汤（Puree of Carrot Soup）

1.原料

黄油110g，胡萝卜丁1800g，洋葱丁450g，土豆丁适量，鸡原汤或白色牛原汤5kg，盐、胡椒粉各少许等。

图6–4　奶油胡萝卜泥汤

2.制作过程

（1）将黄油放到厚底锅中，小火加热，使其融化。

（2）加入胡萝卜丁和洋葱丁，小火煸炒至半熟，注意，不要使它们变色。

（3）将原汤倒到锅中，再放入土豆丁，将汤烧开，使胡萝卜丁和土豆丁成嫩熟状态，注意，不要使它们变色。

（4）将汤整体倒到碾磨机中，经过碾磨，待汤成为菜泥状时再将其倒回锅中，用小火炖，如果汤太浓，可以再加一些原汤稀释。

（5）放入盐和胡椒粉调味。

（6）上桌前加入奶油并搅拌均匀即可，见图6–4（彩图49）。

实训案例五　土豆泥汤（Potato Puree Soup）

1.原料

白色原汤1.2kg，土豆500g，洋葱50g，青蒜50g，黄油25g，香草束、盐、胡椒粉各适量等。

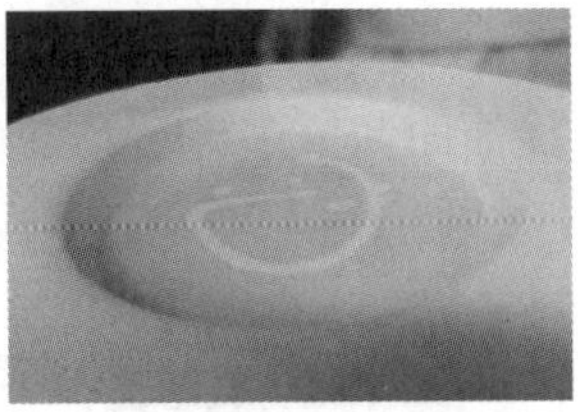

图6–5　土豆泥汤

2.制作过程

（1）洋葱、青蒜切成细丝，土豆去皮洗净、切成片。

（2）用黄油将洋葱丝、青蒜丝炒香，加盖子焖至变软。

（3）放入白色原汤、土豆片和香草束，小火煮，将土豆煮烂。

（4）煮好的土豆过细筛，压成泥，加到过滤后的汤汁内。

（5）上火，煮至所需浓度，用盐、胡椒粉调味，见图6–5（彩图50），上菜时可撒番芫荽末和烤面包丁装饰。

实训案例六 南瓜浓汤（Pumpkin Soup）

1.原料

南瓜1kg，洋葱100g，面粉50g，盐、炸面包丁各适量，牛奶500mL，黄油100g，牛肉清汤3kg等。

2.制作过程

（1）南瓜去皮去子，其中的750g切成丁，剩余的切成块，锅中加水，中火将南瓜块煮熟后捞出，滤去水分，用搅拌机搅成泥，过筛。

图6-6 南瓜浓汤

（2）洋葱切碎，用少许黄油炒黄，加入面粉，炒熟，然后加入少量牛奶、牛肉清汤，搅拌均匀，滚透后滤清。

（3）大汤锅内加入牛肉清汤，烧滚，然后加入南瓜丁、南瓜泥，中火烧滚，加盐调味即可，出锅前可加炸面包丁装饰，见图6-6（彩图51）。

实训案例七 胡萝卜浓汤（Leek and Carrot Soup）

1.原料

胡萝卜250g，芹菜150g，大蒜10瓣，牛奶500mL，油面酱适量，白胡椒粉少许，盐3g，黄油150g，牛肉清汤1kg等。

2.制作过程

（1）芹菜去叶，切成约3cm长的段，胡萝卜切片。

（2）煎锅内放黄油，中火烧热，放入芹菜段和大蒜，煸炒6min左右，加入牛奶、白胡椒粉、盐，加锅盖煮滚，然后放入胡萝卜片，煮约10min。

图6-7 胡萝卜浓汤

（3）连汤带蔬菜过筛，搅成泥，弃去蔬菜渣，将汤仍倒回原锅，大火煮沸片刻，加油面酱、牛肉清汤并调味、搅匀，盛在汤盘中即可，可在汤面上做装饰，见图6-7（彩图52）。

实训案例八 海鲜汤（Bisque）

1.原料

白色原汤适量，鲜奶油（或牛奶）500mL，黄油50g，虾400g，蛤蜊200g，洋葱100g，胡萝卜100g，盐10g，胡椒粉适量等。

2.制作过程

（1）使用微火，用黄油将适量洋葱、胡萝卜和各种海鲜炒至淡黄色、出香味。

（2）将白色原汤徐徐倒在炒好的汤料中，不断搅拌，煮沸后用微火将汤煮至黏稠，过滤，加入鲜奶油（或牛奶）、盐、胡椒粉调味，使汤成为发亮的、带有黏性的汤汁，然后放上装饰品即可。

3. 质量标准

奶汤呈浅黄色，味鲜美，有奶油的香味和海鲜味。

实训案例九　龙虾汤（Bisque de Homard）

1. 原料

鱼清汤1.5kg，大龙虾1只，胡萝卜100g，白萝卜100g，葱头30g，面粉35g，黄油50g，胡椒粒3g，柠檬汁25mL，豆蔻粉2g，雪利酒30mL，盐6g，鲜奶油50mL，红花粉1g等。

2. 制作过程

（1）大龙虾煮熟后切开，取出肉，切成片，备用。

（2）把虾壳拍烂剁碎，用黄油炒香，放入面粉，稍炒，然后烹入雪利酒，徐徐冲入鱼清汤，搅匀。放入切碎的葱头、胡萝卜、白萝卜、豆蔻粉、胡椒粒，微火煮约1h后过筛，然后在汤内调入盐、红花粉、柠檬汁。

（3）把处理好的龙虾肉放到汤盘内，盛入龙虾汤，浇上鲜奶油即可。

（三）特殊风味汤

特殊风味汤（Special Soup）指根据世界各民族饮食习惯和烹调特点制作的汤。特殊风味汤最大的特点是制作方法或原料比一般的汤更具有特殊性。

实训案例十　罗宋汤（Russian Borscht）

1. 原料

卷心菜1个，胡萝卜2个，土豆3个，番茄4个，洋葱2个，西芹2根，牛肉250g，听装紫菜头1听，听装番茄酱1听，胡椒粉、糖各适量，奶油100mL，面粉50g，黄油50g，盐6g等。

图6-8　罗宋汤

2. 制作过程

（1）将牛肉洗净，切成小块，冷水下锅，大火煮沸，然后改用小火，用勺子撇去浮沫，焖煮约3h。

（2）将蔬菜一一洗净，土豆、胡萝卜、番茄去皮，土豆切滚刀块，胡萝卜切片，番茄切小块，卷心菜撕成碎片，洋葱切丝，西芹切丁，听装紫菜头切片备用。

（3）牛肉汤煮约3h后，另取一口大的炒锅，锅烧热后放入黄油、奶油，烧热后放入土豆块，煸炒至土豆块外面熟软放其他蔬菜，加入听装番茄酱，将以上汤料都倒入牛肉汤中，小火熬制。

（4）将炒锅洗净，擦干，开小火，把锅烤干，然后将面粉倒入锅内，反复炒至面粉颜色微黄，趁热放到汤里，用大汤勺搅拌均匀，再熬制20min左右，放盐、糖、胡椒粉调味即可，见图6-8（彩图53）。

实训案例十一 法式洋葱汤（French Onion Soup）

1.原料

黄洋葱500g，黄油50g，牛肉高汤1kg，百里香1小匙，盐6g，黑胡椒1g等。

图6-9 法式洋葱汤

2.制作过程

（1）黄洋葱切丝，取平底不粘锅一只，用大火烧热，放入黄油，融化后加入黄洋葱丝，炒至呈透明状后转中火，每5min左右搅拌一下，待炒至呈红褐色时撒一点盐调味（不要加多），这时每隔两三分钟就要搅拌一下，必要的话转小火，继续炒至接近琥珀色且黄洋葱味甜、无苦味。

（2）牛肉高汤烧沸，加入炒好的黄洋葱丝、百里香、黑胡椒和盐，煮至少半小时。

（3）盛入汤盘即可，可配上装饰，见图6-9（彩图54）。

实训案例十二 农夫蔬菜汤（Peasant-Style Vegetable Soup）

1.原料

牛原汤1kg，土豆300g，洋葱50g，大葱白75g，嫩扁豆50g，胡萝卜50g，芹菜30g，洋白菜50g，西红柿50g，培根50g，黄油、盐、胡椒粉、蘑菇各适量等。

图6-10 农夫蔬菜汤

2.制作过程

（1）土豆、洋葱、大葱白、嫩扁豆、胡萝卜、芹菜、洋白菜、西红柿、培根、蘑菇均切成小丁。

（2）用黄油炒香处理好的蔬菜，加入少量牛原汤，焖制20min左右，直至成熟，倒入余下的牛原汤并煮开，放入盐、胡椒粉调味。

（3）将汤盛于汤碗中即可，见图6-10（彩图55）。

实训案例十三 华盛顿浓汤（Washington Puree Soup）

1.原料

洋葱1/4个，鸡胸肉50g，甜红椒、青椒、胡萝卜、玉米粒各少许，香菇1朵，鲜奶少许，白浓汤适量，盐、味精各少许等。

2. 制作过程

（1）将甜红椒、鸡胸肉、青椒、洋葱、胡萝卜、香菇切丁备用。

（2）将切好的材料和玉米粒置于备好的白浓汤内，加少许鲜奶、盐和味精调味。

（3）煮沸后盛入汤盘即可。

实训案例十四　通心粉蔬菜汤（Macaroni and Vegetable Soup）

1. 原料

鸡清汤1.5kg，青豆100g，番茄50g，葱头50g，芹菜100g，蒜末25g，培根50g，洋白菜50g，胡萝卜50g，通心粉50g，黄油100g，盐6g，胡椒粉2g，奶酪粉50g，鼠尾草3g等。

2. 制作过程

（1）把洋白菜及培根切成丝，其他蔬菜切成丁。

（2）用黄油把蒜末炒香，放入处理好的培根、洋白菜、胡萝卜、芹菜、番茄、葱头，稍炒，冲入鸡清汤，放入青豆。

（3）用微火把汤料煮烂后再加入煮好的通心粉、盐、胡椒粉、鼠尾草，搅拌均匀。

（4）把所有汤料盛入汤盘，撒上奶酪粉即可。

实训案例十五　黑豆汤（Black Bean Soup）

1. 原料

黑豆500g，咸猪蹄3只，洋葱100g，芹菜2根，鸡蛋4个，香叶1片，柠檬6片，黑胡椒粉少许，红醋25mL，盐3g，鸡汤100g，少量番芫荽等。

2. 制作过程

（1）黑豆、咸猪蹄洗净，放入大汤锅，加入香叶、切丝的洋葱和芹菜，大火烧开，撇去浮沫，半开锅盖，小火煨约3h，将汤过筛滤清，弃渣。

（2）将鸡汤倒入锅内，加黑胡椒粉及盐调味，继续用小火保温。

（3）鸡蛋煮熟，去壳，切成碎块，番芫荽切碎。吃时加入红醋，起锅，装汤盘。每盘边放1片柠檬，汤上再撒一些鸡蛋碎块和番芫荽碎。

实训案例十六　鸡肉汤（Chicken Broth）

1. 原料

带骨鸡肉300g，大米25g，蔬菜（胡萝卜、洋葱、芹菜、白萝卜、青蒜）200g（切丁），冷水1L，香草束、番芫荽末、盐、胡椒粉各适量等。

2. 制作过程

（1）将带骨鸡肉放入汤锅，加冷水煮开，撇去浮沫，微沸后煮1h左右。

（2）加入蔬菜丁、香草束、大米，小火继续煮约1h。

（3）取出鸡肉、香草束，将鸡肉切成丁后再放入锅中调味，加番芫荽末、盐、胡椒粉调味即可。

实训案例十七 奶油汤（Cream Soup）

1.原料

鲜奶油500mL，面粉50g，黄油、洋葱、白色原汤各适量，盐10g，胡椒粉适量等。

2.制作过程

（1）制作油面酱，开微火，用黄油炒面粉，并加上适量洋葱调味，炒至淡黄色、出香味时即可。

（2）将白色原汤慢慢倒在炒好的油面酱中，不断搅拌，将汤煮至黏稠，过滤后加鲜奶油、盐、胡椒粉调味，待汤成为发亮的、带有黏性的汤汁时放上装饰品即可。

3.质量标准

奶汤呈浅黄色，味鲜美，有奶油的香味。

实训案例十八 芦笋奶油汤（Cream Asparagus Soup）

1.原料

奶油汤1kg，嫩芦笋150g，奶油125mL或牛奶250mL，烤面包丁25g，盐适量等。

2.制作过程

（1）嫩芦笋切成约1.5cm长的段。

（2）奶油汤内加入牛奶或奶油、嫩芦笋段，煮透，以盐等调味。

（3）上菜时撒上烤面包丁装饰即可。

实训案例十九 青豆蓉汤（Pureed Green Pea Soup）

1.原料

牛肉清汤1.5kg，牛奶1L，鲜青豆750g，烤面包丁适量，番芫荽50g，油面酱50g，黄油50g，洋葱末25g，鲜薄荷叶、奶油、盐、胡椒粉各适量等。

2.制作过程

（1）用黄油把洋葱末炒香，放入鲜青豆稍炒，加入部分牛肉清汤，放入鲜薄荷叶、番芫荽，煮沸后转微火，将鲜青豆煮烂，然后将其筛成青豆蓉。

（2）油面酱上火加热，逐步加入牛奶、牛肉清汤及青豆蓉，搅打均匀，煮透后调入盐和胡椒粉，过滤后，将汤盛入盘内，撒上烤面包丁，浇上奶油即可。

复习思考题

1. 汤菜的作用是什么？
2. 简述基础汤的概念、种类及其特点。
3. 如何制作牛基础汤？
4. 奶油汤的制作过程是什么？
5. 清汤的制作过程是什么？
6. 浓汤主要由什么组成？
7. 简述高汤的制作过程。

项目七　西餐冷菜制作工艺

学习目标

- 了解冷菜概述
- 掌握开胃菜及其制作
- 掌握沙拉及其制作
- 掌握其他冷菜及其制作
- 掌握冷菜装盘工艺

看电子书　看PPT

任务一　冷菜概述

冷菜是西餐菜肴的重要组成部分，广义上，冷菜指热菜冷吃或生冷食用的所有西式菜肴，包括开胃菜、沙拉、冷肉类西式菜肴等。狭义上，冷菜指在宴席上主要起开胃作用的沙拉、冷肉类西式菜肴等。一般在西式宴席中，冷菜是第一道菜，能起到开胃的作用。在西方一些国家，冷菜还可作为一餐的主食。西方为庆祝或纪念一些活动，常常举办以冷菜为主的冷餐会、鸡尾酒会等。冷菜在西方餐饮中的地位越来越重要。

一、冷菜的特点

冷菜具有味美爽口、清凉不腻、制法精细、点缀漂亮、种类繁多、营养丰富的特点。冷菜制作在西餐中是一项专门的烹调技术，其花样繁多，讲究拼摆。冷菜类菜肴有开胃菜、沙拉、冷肉类菜肴等，往往选用蔬菜、鱼、虾、鸡、鸭、畜肉等制作而成，其中，火腿、奶酪、鱼子、鱼肉及家禽肉、野禽肉等都含有大量的蛋白质，而番茄、生菜和其他新鲜的蔬菜、水果等是维生素、矿物质和有机酸的主要来源，因此冷菜类菜肴营养丰富且均衡。

二、冷菜原料和调料

要做好西餐中冷菜的烹调工作，首先应注意冷菜原料的选用。肉类有肥有瘦，有老有嫩，哪些部位适合煎、炸、烧，哪些部位适合煮、烩、焖、烤等，应加以区分；宴会具体情况、季节，以及人们的信仰等因素，会影响原料的选择。掌握冷菜原料及调料的分类是做好冷菜的前提。

（一）冷菜原料

1.生制原料

猪肉可选通脊、里脊、后腿、前腿、前肘、奶脯、脖、头、尾、前蹄、后蹄等多个部位；牛肉可选里脊、外脊、上脑、米龙、“和尚头”、肋条、前腿、胸口、后腱子、前腱子、脖、头、尾等多个部位；羊肉可选后腿、前腿、前腱子、后腱子、上脑、肋扇、头、尾、脖等多个部位；海鲜类可选用蛤蜊、牡蛎、虾仁、蟹肉、明虾和龙虾等多种原料；水果类可选用苹果、香蕉、柚子、橘子和梨等；蔬菜类可选生菜、紫菜头、土豆、芹菜、胡萝卜、西蓝花、包菜、洋葱、百合、青（红）椒等。

2.熟制原料

烟熏类可选用熏鲳鱼、熏鲑鱼、熏黄鱼、熏鳗鱼、熏猪扒、熏牛舌、培根等多种原料；肠子类可选用熟制的血肠、茶肠、乳酪肠等原料；熟制塞肉类可选用黄瓜塞肉、青椒塞肉、洋葱塞肉、茄子塞肉、蘑菇塞肉等；酸味类可选用熟制的酸味鱼块、酸烩虾球、咖喱鱼条、酸烩蘑菇等；面类可选用咖喱鸡饺、炸什锦哈斗等；罐头类可选用沙丁鱼罐头、大马哈鱼罐头、鲱鱼罐头、金枪鱼罐头、芦笋罐头、百合罐头、鹅肝罐头、蟹肉罐头、鱼子罐头、红辣椒罐头、鲍鱼罐头、黑蘑菇罐头、甜酸葱头罐头、橄榄罐头等。

（二）冷菜调料

酸味调味料可选用醋、柠檬、酸豆、酸黄瓜、酸菜、番茄沙司及各种酸果等；甜味调味料可选用糖、果酱及各种甜味水果等；咸味调味料可选用咸鲑鱼、咸鲱鱼、红鱼子、黑鱼子、咸橄榄、咸牛肉、咸牛舌及咸猪肘等；辣味调味料可选用辣椒、胡椒、辣根、大蒜、芥末、咖喱及辣酱油等；调味沙司可选用色拉油沙司、千岛沙司、番茄沙司、辣根沙司等。

三、冷菜的分类

（1）按原料性质，可分为蔬菜冷菜、荤菜冷菜。

（2）按盛装的器皿，可分为杯装冷菜、盘装冷菜、盆装冷菜。

（3）按加工方法，可分为热制冷吃类冷菜、冷制冷吃类冷菜、生吃冷菜。

（4）按制作过程，可分为开那批类开胃菜、鸡尾杯类开胃菜、鱼子酱类开胃菜、批类开胃菜、沙拉、胶冻类冷菜、冷肉类冷菜及其他类冷菜。

知识链接

冷餐宴会是一种大型宴会，一般在晚饭以后举行，宴会中的菜点以各式冷菜为主。在餐厅的一侧，往往布置大型长台，台上摆设着各种各样的冷菜，如整条的鱼、整只家禽、生菜、冰架、糖花篮、水果等。客人入席时，厨师就在现场，让客人自己选择喜欢的食品，制作好后端到周围的台上去吃。这种宴会时间较长，食品数量也较多。

下面是宴会冷菜种类示例：

水果沙拉 Fruit Salad。

奶油冻鸡 Chicken Chaud-froid。

巴黎式龙虾 Lobster Parisienne。

冷金枪鱼 Cold Tuna Fish。

冷鸡卷 Chicken Galantine。

烤羊马鞍 Roast Lamb Saddle。

烤奶猪 Roast Suckling Pig。

烤火鸡 Roast Stuffed Turkey。

焖炖野兔 Jugged Hare。

烧牛肉 Roast Sirloin of Beef。

烧獐肉 Roast Venison。

红酒山鸡 Pheasant with Malaga Wine。

四、冷菜的加工准备和制作注意事项

（一）冷菜的加工准备

西式冷菜制作过程中，往往需要事先将大量的生、熟原料准备好。

1.蔬菜（沙拉）的加工准备

素沙拉一般用蔬菜加工，要先把蔬菜洗净，有些需要进一步处理，如土豆、胡萝卜、紫菜头等，要先带皮煮熟，冷却后去皮，切好，然后放在盘或盆内，置于冰箱备用。要确保卫生、无污染。蔬菜原料根据制作的需要可加工成丝、片、丁等形状。

2.冷肉类的加工准备

在冷肉加工间可以对所用的成品或半成品进行使用前的加工准备工作，如切配和艺术加工。各种原料加工后应及时放入温度适宜的冰箱冷藏。在冷藏时要达到凉而不冻的效果，以保证冷菜的品质。

一般情况下，蔬菜（沙拉）和冷肉类原料在冷藏时要注意以下事项。

（1）蔬菜（沙拉）应在2℃～6℃的环境中存放，并且存放时间不得超过2h。

（2）煮、烤、熏制的各种肉类食品，一般要在0℃左右的环境中存放。冷却过度会使冷肉类食品因结冰而肉内结合水减少，在食用时又会因解冻而渗出过多的水分；存放环境温度过高，则容易使肉内微生物迅速、大量繁殖，导致其快速腐烂变质，缩短可存放时间。

（二）冷菜制作注意事项

1.卫生方面

卫生安全是食品生产的首要问题，冷菜制作更要注重卫生。冷菜不需要高温烹调，可直接食用，因此从制作到摆盘的每一个环节，都必须注意清洁卫生，严防有害物质污染。

（1）原料卫生。冷菜的选料一般比热菜讲究，各种蔬菜、海鲜、禽类、畜类等原料均要求质地新鲜、外形完好。对于生食的原料，还要进行消毒处理。

（2）用具卫生。在冷菜制作过程中，凡接触冷菜的所有器具都应卫生，尤其是刀、案板、盛器，要反复用消毒水消毒、清水洗净。

（3）环境卫生。这主要指冷菜加工间和冰箱的卫生。冷菜加工间要清洁、无蝇、无臭虫、无蟑螂和蜘蛛网等，要装灭蝇灯及紫外线消毒灯；冰箱要清洁、无异味。

（4）装盘卫生。餐具要高温消毒，装盘过程中应尽量避免用手接触食品原料。不立即食用的食品，装盘后要先用保鲜膜封好再放入冰箱。

2.调味方面

冷菜多数作为开胃菜，因此在味道上要呈现出比较突出的酸、甜、苦、辣、咸或烟熏等味道，口感上则侧重脆、生的特点，以达到爽口开胃、刺激食欲的效果。

3.刀工方面

冷菜制作对于刀工的基本要求是利落和整齐，要做到切配精细、拼摆整齐、造型美观、色调和谐，给人以美的享受。例如，动物性原料下刀要轻、要慢等。冷菜加工多用锯切法，以保证刀面光洁、形状规格一致。

4. 装盘方面

冷菜的装盘要求造型美观大方，色调高雅和谐，主次分明，应注意盘边卫生，不可有油渍、水渍。

五、冷菜拼摆和注意事项

（一）冷菜拼摆

冷菜拼摆就是常说的冷菜拼盘，又称冷盘、凉盘。所谓拼摆，就是将处理好的食品原料，经过设计、构思、精心配制、切配造型，形成艺术性较强的菜肴。冷菜拼摆制作水平的高低，是衡量烹调技艺的重要标准，因此，在冷菜拼摆制作中西餐厨师要用自己的智慧、经验、技巧等进行巧妙构思、精心搭配。

冷菜大多作为第一道或第二道菜等使用，质量高，味道好，装饰美观，尤其是供隆重宴会使用的冷菜。为了使冷菜装饰美观，冷菜的配菜常使用颜色鲜艳的原材料，如番茄、胡萝卜、生菜、芹菜、豌豆等。配制冷菜时，为了更好地衬托拼摆的艺术性，应选用图案新颖、式样美观的陶瓷器皿、银制器皿和玻璃器皿，以丰富冷菜的色彩，达到色、香、味、形、器俱佳的完美效果。

冷菜在加工处理上与一般菜肴不同，一般菜肴是先切配后烹调，操作对象是生料，而冷菜不仅有先切配后烹调的情况，更多的是先烹调后切配，其操作对象一般是熟料。生料的切配是原料加工的过程，熟料的切配是成品装配的过程。因此，冷菜拼盘的要求比较严格，切配既要精细，即通过目测、手量使成片长短适度、厚薄均匀，又要美观，即根据原料的自然形态，将加工处理成片、条、丝、段等不同形态的原料拼摆出适合、新颖的造型。

制作冷菜拼盘的第一个步骤往往是定名，根据名称确定原料和表现手法，同时考虑宴会场合、客人身份、标准高低、季节特点、民族习惯、宗教信仰等，其中重点是注意避免宾客忌讳的形象及食品。

制作冷菜拼盘的第二个步骤是设计草图。根据原料的选择，设计出的拼盘既要体现出布局适当、色调和谐、生动逼真、形态优美等特点，又要口味搭配得当、富有营养、符合卫生要求。在设计过程中，应注意避免单纯追求形式美，忽视营养搭配的问题，而应两者兼顾，达到形色与营养俱佳的目的。

制作冷菜拼盘的第三个步骤是对原料进行加工处理。这里主要介绍烹制这种加工方式。烹制也是为装盘做准备的工作，而拼盘原料的烹制有更高的要求，一般要尽量保持原料形态完整，保持原料的本色，如原料颜色不太符合拼盘要求，用色素时应严格执行《中华人民共和国食品卫生法》规定。拼盘的原料可采用烤、煎、熏、拌、焖、泡等烹调技法制作，同时还可用些罐头食品等，如烤肠等，在口味上应满足干、香、脆、嫩、无汁、少腻、鲜香、爽口等要求。

制作冷菜拼盘的第四个步骤是装盘与拼配。盛器选择应该以菜品色泽、形态大小、成品数量为依据，如原料和盛器的色泽要协调等。

（二）冷菜拼摆的注意事项

（1）拼摆前就要对整体图案有构思，应做到胸有成竹。

（2）拼摆前对事先制成的成品质量进行把关，检查冷菜的口味，确保拼摆原料的质量。

（3）做好切配加工所需各种设备、用具的消毒工作，从源头上防止病原微生物的侵入。

（4）在拼摆时，要按照宴会或个体菜肴的主题需要对冷菜花色、荤素等进行搭配，做到主题突出、按需拼摆。

（5）切配加工过程中，应做到粗细有致、均匀有度，拼摆装饰应美观大方、富有一定的艺术性。

总之，冷菜拼摆厨师要兼顾色、香、味、形、器及营养等各个方面，要具备烹调技术、审美观、营养卫生等方面的技能和知识，只有这样才能制作出理想的拼盘。

任务二 开胃菜及其制作

一、开那批类开胃菜

（一）概念

开那批是英文Canape的音译，是以脆面包、脆饼干等为底托，上面放有少量的或小块的冷肉、冷鱼、鸡蛋片、酸黄瓜、鹅肝酱或鱼子酱等的冷菜形式。

开那批的主要特点是食用时不用刀叉，也不用牙签，直接用手拿取入口。因此，它还具有分量少、装饰精致的特点。

（二）适用范围

开那批的原料较广，肉类、鱼虾类、蔬菜类等均可用于制作。在制作过程中，蔬菜类原料一般选用粗纤维少、汁少味浓的，肉类原料往往使用质地鲜嫩的部位，这样制作出的菜肴口感细腻、味道鲜美。

实训案例一 明虾开那批（Prawn Canapés）

1.原料

白吐司2片，明虾8只，装饰性蔬菜丝适量，蛋黄酱50g，香料适量等。

图7–1 明虾开那批

2.制作过程

（1）明虾去头、去沙肠，用香料煮熟后冷却，剥壳备用。

（2）将白吐司烤成金黄色，切除四边，均匀地分成8小片。

（3）在每小片吐司上均匀地涂上蛋黄酱，然后摆上一只明虾肉，以蔬菜丝装饰，见图7–1（彩图56）。

3.质量标准

色泽和谐，大小匀称。

二、鸡尾杯类开胃菜

（一）概念

鸡尾杯类开胃菜指以海鲜或水果为主要原料，配以酸味等浓味的调味酱制成的开胃菜，这类开胃菜通常盛装在玻璃杯中，用柠檬角装饰，外观类似鸡尾酒，故有此名。

（二）适用范围

鸡尾杯类开胃菜原料较广，有海鲜类、水果类等，可制成冷制食品或热制冷食食品，在各类正式宴会前、冷餐会、鸡尾酒会等场合用得较多，深受欢迎。

鸡尾杯类开胃菜常见的原料品种如下：

（1）海鲜类。明虾、蟹、龙虾、海鲜罐头及鱼子酱等。

（2）水果类。苹果、梨、香蕉、橙子、杧果等。

（3）禽类。热制冷食的烤制类、酱制类等。

（4）畜类。热制冷食的烤猪肉、烤牛肉、烤羊肉等。

（5）鱼类。各种煮鱼、熏鱼、烤鱼及鱼罐头等。

（6）乳制品类。各种黄油、奶油等。

（7）肉制品类。各种香肠、火腿等。

（8）蔬菜类。黄瓜、番茄、生菜、洋葱、蘑菇等。

（9）其他。各种泡菜等。

一般情况下，鸡尾杯类开胃菜的制作分为两步：一是简单加工热制冷食或冷食食品；二是将加工好的食品装入鸡尾杯等容器并进行适当点缀，然后放上小餐叉或牙签。

实训案例二　大虾杯（Prawn Cocktail）

1. 原料

大虾250g，番茄沙司20g，色拉油沙司40g，浓奶油20mL，柠檬汁20mL，生菜叶50g，盐3g，胡椒粉1g等。

2. 制作过程

（1）大虾去头、去壳，挑净虾肠，洗净后切成小块，放到沸水锅里，加少许盐，煮熟后捞出晾凉，备用。

（2）生菜叶洗净，放入鸡尾酒杯备用。

（3）把番茄沙司、色拉油沙司、浓奶油及柠檬汁拌匀，用盐和胡椒粉调味，然后放入虾肉块，拌好后堆放在鸡尾酒杯中的生菜叶上即可。

3. 质量标准

色泽粉红，虾肉嫩滑。

实训案例三　瓤鸡蛋花（Stuffed Eggs With Yogurt）

1. 原料

鸡蛋20个，蛋黄酱80g，奶油80mL，樱桃100g，盐3g，胡椒粉适量，色拉油沙司40g等。

2. 制作过程

（1）鸡蛋煮熟、去皮，在鸡蛋上部1/3处用刀锯齿状切开，取出蛋黄。

（2）把取出蛋黄的蛋白底端用刀削平，并将其放入鸡尾酒杯备用。

（3）把蛋黄捣成泥状，加入盐、奶油、色拉油沙司、胡椒粉、蛋黄酱拌匀，再用裱花袋将其挤到鸡尾酒杯中的蛋白内，上面装饰上樱桃即可。

3. 质量标准

黄白相间，奶香浓郁。

三、鱼子酱类开胃菜

（一）概念

鱼子酱类开胃菜通常以腌制过或制成罐头的黑鱼子或红鱼子为原料制作而成，具体做法是先将鱼子放入一个小型玻璃器皿或银器，再将其整体放在装有碎冰的大盘中，配以洋葱末和柠檬汁做调味品。

黑鱼子酱是鲟鱼所产的卵经精心筛选、轻微盐渍之后冷藏制成的产品。鱼子酱是俄罗斯最负盛名的美食。黑鱼子数量稀少，价格极其昂贵，黑鱼子酱素有“黑黄金”

之称。

红鱼子酱是鲑鱼卵制成的产品，其中以大马哈鱼鱼卵制作的为上品。为了避免高温烹调影响品质，红鱼子酱一般生吃。值得注意的是，红鱼子酱切忌与气味浓重的辅料搭配食用。

（二）适用范围

鱼子酱一般适合低温保存。上菜时，可以把鱼子酱盛器放在碎冰里或者放在冰镇过的盘子里。如需配酒，可以选酸味偏重、香味清爽的香槟，太香浓的味道会掩盖鱼子酱本身的味道。最适合跟鱼子酱相配的是俄罗斯原产的冷藏到接近0℃的伏特加。鱼子酱现多用于高档的冷餐会或酒会。

实训案例四 黑鱼子酱（Black Caviar）

1. 原料

黑鱼子50g，洋葱碎25g，柠檬角15g，生菜叶20g等。

2. 制作过程

黑鱼子装入小盘，撒上洋葱碎，将柠檬角摆在盘边，点缀上生菜叶即可。

3. 质量标准

黑色黏稠，鲜香醇美。

实训案例五 红鱼子酱（Red Caviar）

1. 原料

红鱼子75g，洋葱碎25g，香桃角15g，生菜叶20g等。

2. 制作过程

把红鱼子装入小盘，撒上洋葱碎，将香桃角摆在盘边，点缀上生菜叶即可。

3. 质量标准

红色黏稠，鲜香醇美。

四、批类开胃菜

（一）概念

批指用各种模具制成的冷菜，主要有3种：

（1）将熟制的肉、肝脏绞碎后加入奶油、白兰地酒或葡萄酒、香料等调味品，然后搅成泥状，入模具冷冻成型后切片的菜品，如鹅肝批。

（2）生的肉、肝脏绞碎后调味（可加入一部分蔬菜丁或未绞碎的肝脏小丁），装模烤熟，冷却后切片的菜品，如野味批。

（3）熟制的海鲜、肉类、调色蔬菜加入明胶汁、调味品，入模冷却凝固后切片的菜品，如鱼冻等。

（二）适用范围

批类开胃菜原料较广，一般情况下，禽类、肉类、鱼虾类、蔬菜类及动物内脏均可以用于制作。在制作过程中，考虑到热制冷吃的需要，往往要选择一些质地较嫩的部位。批类开胃菜适用范围极广，既可用于正规的宴会，如大型冷餐会、酒会等，也可用于一般的家庭制作。

实训案例六 鹅肝全力（Goose Liver Gelatine）

1.原料

鹅肝120g，牛肉200g，洋葱50g，胡萝卜10g，芹菜10g，鸡蛋1个，全力粉20g（或食用明胶30g），肉桂粉10g，鲜奶油20mL，白兰地酒15mL，盐3g，胡椒粉1g，黄油35g等。

2.制作过程

（1）将牛肉洗净，洋葱30g去皮切丝，胡萝卜洗净切片，芹菜洗净并切成小段，以上原料放入锅内，拌匀后加入600mL冷水，中火烧沸后改用小火煮约2h，取出后用纱布过滤出杂物。同时，把全力粉放到过滤好的牛肉汤里煮化，加入盐、胡椒粉、肉桂粉、白兰地酒调味，备用。

（2）鹅肝去掉血丝和筋络，用清水洗净；洋葱20g切末后用黄油炒香，放入处理好的鹅肝，一起炒熟，加盐、胡椒粉调味，取出后用粉碎机粉碎，然后过筛成泥，再加入鲜奶油拌匀，装入裱花袋备用。

（3）把做好的牛肉汤（1/4）倒入玻璃盅，放进冰箱，冻结后取出；用裱花袋将制作好的部分鹅肝酱挤到装有冻好的牛肉汤的玻璃盅中，再将余下的牛肉汤倒入，浸没鹅肝酱，然后放入冰箱再次使之冻结；上桌时再将制好的剩余的鹅肝酱挤在菜品表面即可。

3.质量标准

鹅肝酱与冻结的牛肉汤相间分布，口感细腻。

实训案例七 鹅肝批（Goose Liver Pie）

1.原料

鹅肝1.5kg，肥膘500g，全力汁100g，鲜牛奶1L，黑菌丁50g，盐5g，白兰地酒50mL，胡椒粉5g，杂香草适量等。

2. 制作过程

（1）鹅肝去掉血筋，用鲜牛奶先腌渍约3h，然后用盐、胡椒粉、白兰地酒、杂香草腌渍入味。

（2）把腌渍过的鹅肝一半捣成泥、另一半切成小丁，然后混合均匀；肥膘切成薄片，取其中一部分贴在模具边上；先放一半处理好的鹅肝，再放入黑菌丁，然后放入余下的另一半处理好的鹅肝，表层再放上肥膘；放入约200℃的烤箱，隔水烤透后取出。

（3）冰箱冷却后切片装盘，浇上白兰地酒、全力汁，再放入冰箱冻结即可。

3. 质量标准

鹅肝与黑菌相间分布，肥润软嫩。

实训案例八 小牛肉火腿批（Veal and Ham Pie）

1. 原料

小牛肉800g，烟熏火腿650g，肉批面团300g，全力汁500g，冬葱末100g，盐10g，胡椒粉2g，黄油50g，白兰地酒50mL，适量生菜叶等。

2. 制作过程

（1）把小牛肉切成薄片，加盐、胡椒粉、白兰地酒，腌渍入味，备用。

（2）在长方形模具中刷一层油，再把3/4肉批面团擀成薄片，放入模具。

（3）把烟熏火腿切成片，与腌渍好的小牛肉片相间叠放在模具内，同时用黄油把冬葱末炒香，夹放在烟熏火腿片与腌渍小牛肉片之间；把余下的肉批面团擀成薄片，盖在上面，并捏上装饰性图案，然后刷一层蛋液，放入约175℃的烤箱中烤至成熟上色，然后取出。

（4）冷却后，在上面扎一个孔，把全力汁灌进去，然后放进冰箱冷却。

（5）食用时将其扣出，切成厚片装盘，边上配上些生菜叶即可。

3. 质量标准

外皮金黄，肉色为棕褐色，浓香微咸。

实训案例九 猪肉批（Pork Pie）

1. 原料

猪通脊肉1.5kg，肥膘500g，白蘑菇丁80g，鸡蛋3个，鲜奶油100mL，白兰地酒30mL，盐5g，洋葱末35g，蒜末15g，豆蔻粉1g，胡椒粉1g等。

2. 制作过程

（1）把猪通脊肉和肥膘绞成肉酱，依次加入盐、洋葱末、蒜末、豆蔻粉、胡椒粉、白兰地酒、鸡蛋及鲜奶油，搅打至细腻有劲，再放入白蘑菇丁，拌匀备用。

（2）在模具内抹上一层油，放入处理好的肉酱，然后放入约180℃的烤箱里隔水烤1h左右，取出后冷却，切成片状即可。

3.质量标准

呈浅褐色，软嫩肥润。

实训案例十　海鲜批（Seafood Pie）

1.原料

净鱼肉500g，鲜贝肉200g，虾肉200g，鲜奶油400g，菠菜泥50g，鸡蛋清适量，盐10g，胡椒粉3g，虾脑油20g，黄油50g，茴香酒适量等。

2.制作过程

（1）把各种海鲜绞成泥，过筛、去筋络，加入鸡蛋清、盐、胡椒粉、茴香酒搅打起劲，然后慢慢加入鲜奶油，搅打至洁白细腻。

（2）将搅打好的馅料分成3份，1份加入菠菜泥，1份加入虾脑油，1份加入黄油，搅拌均匀，使馅料呈不同的颜色。

（3）在模具四周抹上黄油，放入不同颜色的海鲜馅，盖上锡纸，放入150℃～170℃的烤箱，隔水烤约80min取出，冷却后放入冰箱保存。

（4）食用时切成厚片，配上时令蔬菜即可。

3.质量标准

色彩相间，软嫩细腻。

任务三　沙拉及其制作

一、沙拉

（一）沙拉概述

沙拉指西餐中用于开胃佐食的凉拌菜。在我国，沙拉通常又被称为“色拉”“沙律”。

沙拉一般是将各种可以直接入口的生料或熟制冷食的原料加工成较小的形状，再浇上调味汁或各种冷沙司及调味品拌制而成的。沙拉的取材范围很广，可使用各种水果、蔬菜、禽蛋、肉类、海鲜等，并且各类沙拉都具有外形美观、色泽鲜艳、鲜嫩可口、清爽开胃的特点。

（二）沙拉的分类

沙拉种类繁多，有不同的分类方法。

1. 按照国家分类

西方各国均有代表性的沙拉，并深受世界各国人们喜爱。例如，美国的华尔道夫沙拉，法国的法式生菜沙拉和鸡肉沙拉，英国的番茄盅等。

2. 按调味方式分类

（1）清沙拉

清沙拉主要指原料经简单刀工处理即可供客人食用的沙拉，一般不配沙司。如生菜沙拉。

（2）奶香味沙拉

奶香味沙拉所使用的沙拉酱中加入了鲜奶油，从而具有奶香浓郁的特点，并伴有一定的甜味，如鸡肉苹果沙拉。

（3）辛辣味沙拉

辛辣味沙拉所使用的沙拉酱中加入了蒜、葱、芥末等具有辛辣味的原料，如法汁，调味汁中含有蒜、葱等，辛辣味较为浓郁。这类沙拉多为肉类沙拉，如白豆火腿沙拉。

3. 按照原料性质分类

（1）素沙拉

素沙拉泛指所有由蔬菜、水果制成的沙拉，如法式生菜沙拉等。

（2）禽蛋肉沙拉

禽蛋肉沙拉指由禽肉、蛋品和畜肉中的一种或几种制成的沙拉，如鸡蛋沙拉、猪蹄沙拉等。

（3）鱼虾沙拉

鱼虾沙拉指由各类海水、淡水产品等制成的沙拉，如明虾沙拉、虾蟹杯等。

（4）其他类沙拉

其他类沙拉指由以上原料中的几种混合制成的沙拉，如厨师沙拉等。

二、沙拉制作

在制作沙拉时，根据人们对沙拉口味的需求，往往要注意以下几个方面：

（1）制作蔬菜沙拉时，叶菜一般要用手撕，以保证蔬菜的新鲜度，并应注意沥干水分，以保证沙拉酱拌制均匀。

（2）制作水果沙拉时，可在沙拉酱中加少许酸奶，以使味道更加醇美，并具有奶香味。

（3）制作肉类沙拉时，可选用含有胡椒、蒜、葱、芥末等原料的沙拉酱，也可在色拉油沙司中加入以上具有辛辣味的原料。

（4）制作海鲜类沙拉时，可在沙拉酱中加入一些柠檬汁、白兰地酒、白葡萄酒等，这样既可保持蔬菜的原有色彩，也可使沙拉味道鲜美。

实训案例一　素沙拉

1.丹麦式苹果沙拉（Danish Apple and Green Bean Salad）

（1）原料

脆苹果2个，青豆300g，熟鸡蛋2个，蛋黄酱35g，盐5g，适量胡椒粉等。

（2）制作过程

①青豆用开水略煮，捞出后过凉并沥干水分；脆苹果去皮、去核后切成1cm见方的丁，放到淡盐水中浸泡，沥水后用干净的布吸干水分。

②处理好的青豆与苹果丁加适量盐拌匀，然后用蛋黄酱拌和，拌好后盛在盘中；熟鸡蛋剥壳切薄片，在盘子上摆成“十”字形，最后在“十”字形蛋片上撒上胡椒粉即可。

（3）质量标准

酸甜带辣，脆嫩爽口。

2.法式生菜沙拉（French Salad）

（1）原料

卷心菜200g，生菜100g，芹菜50g，煮鸡蛋10片，红菜头100g，番茄10片，法汁50g，盐3g，胡椒粉1g等。

（2）制作过程

①卷心菜、生菜、芹菜、红菜头洗净，切成丝，装入盘中备用。

②浇上法汁，加盐、胡椒粉拌匀，每盘上面放一片煮鸡蛋，边上放番茄片即可。

（3）质量标准

色泽鲜艳，清脆爽滑。

3.什锦生菜沙拉（Assorted Salad）

（1）原料

番茄300g，黄瓜300g，青椒、红椒共200g，红菜头150g，法汁150g，蛋黄酱50g等。

（2）制作过程

①将番茄、黄瓜、红菜头分别切成片，青椒、红椒切成丝，装入盆中，拼摆整齐。

②食用时浇上法汁，加蛋黄酱拌匀即可。

（3）质量标准

色彩丰富，口味略酸。

4. 蔬菜沙拉（Vegetable Salad）

（1）原料

熟土豆750g，熟胡萝卜250g，熟青豆200g，熟蘑菇片200片，洋葱末25g，盐3g，胡椒粉1g，辣酱油5g，鲜奶油15mL，蛋黄酱50g，生菜适量等。

（2）制作过程

①熟土豆去皮并切成小丁，熟胡萝卜切丁，与熟青豆、熟蘑菇片、洋葱末一起放入盛器。

②加入各种调料拌匀，调好口味即可。另外，可用生菜垫底装盆。

（3）质量标准

味鲜爽口，色彩自然。

5. 田园沙拉（Garden Salad）

（1）原料

生菜600g，黄瓜100g，芹菜50g，小萝卜50g，大葱50g，胡萝卜50g，番茄280g，马乃司沙司或千岛汁适量等。

（2）制作过程

①将各种原料洗净，控干水分；黄瓜去皮并切成薄片，芹菜切段，小萝卜切片；大葱切成葱末；胡萝卜削皮，擦成丝；番茄去蒂，切成大小均匀的块；生菜撕成方便食用的片。

②将除番茄块以外的所有原料放入大碗，拌匀。

③拌好后装盘或装碗，撒上番茄块，冷藏备用。食用时淋上马乃司沙司或千岛汁即可。

（3）质量标准

鲜香酸咸，脆嫩爽口。

实训案例二 禽蛋肉沙拉

1. 鸡肉沙拉（Chicken Salad）

（1）原料

熟鸡肉400g，土豆沙拉750g，生菜叶数片，番茄2个，蛋黄酱50g，盐3g，胡椒粉2g，辣酱油适量等。

（2）制作过程

①将熟鸡肉切成大片，加盐、胡椒粉、辣酱油调味；生菜叶垫盘底，上面放土豆沙拉，然后把处理好的熟鸡肉片一片片地铺在土豆沙拉上。

②在鸡肉片上用蛋黄酱裱成网状，盘边用番茄装饰即可。

（3）质量标准

色彩鲜艳，肥滑细嫩。

2.猪蹄沙拉（Pig Trotter Salad）

（1）原料

猪蹄2只，洋葱75g，番茄1个，酸黄瓜50g，生菜叶数片，嫩芹菜茎50g，大蒜泥5g，辣酱油5g，盐3g，胡椒粉1g，法汁75g，香料适量等。

（2）制作过程

①将猪蹄细毛等刮净，放沸水锅里煮数分钟，然后放冷水里清洗一遍，顺长一切两半。

②锅里放清水、香料、处理好的猪蹄，旺火煮沸后转小火，将猪蹄煮至酥烂，捞出猪蹄，趁热去除猪蹄里的骨头，使其平摊在盆里，待其冷却后与洋葱、嫩芹菜茎、酸黄瓜、番茄（用开水烫一下去皮、去籽）等均切成粗丝，放入盛器，加调料拌匀，装盘时用生菜叶垫底即可。

（3）质量标准

色泽鲜艳，爽口不腻。

3.华道夫沙拉（Waldorf Salad）

（1）原料

熟土豆50g，脆性红皮苹果50g，芹菜50g，熟鸡肉25g，核桃仁10g，番茄1个，生菜叶4片，鲜奶油20mL，马乃司沙司30g，盐、沙拉酱适量等。

（2）制作过程

①将熟鸡肉切成约1cm粗的条，熟土豆去皮、脆性红皮苹果去核、芹菜去筋并都切成条，核桃仁用开水浸泡，剥去薄膜、切小块，将熟鸡肉条、芹菜条、土豆条、苹果条一起放入碗内，并加入一半处理好的核桃仁。

②鲜奶油打发，与马乃司沙司一起放入碗中，并用盐调味，搅拌均匀，盘边用番茄、生菜叶装饰，然后放上沙拉酱，最后将另一半处理好的核桃仁撒在上面即可。

（3）质量标准

香甜微咸，脆嫩爽口。

实训案例三　鱼虾沙拉

1.鲜虾青豆沙拉（Shrimp Salad）

（1）原料

鲜虾仁300g，青豆100g，蛋黄酱200g，盐3g，胡椒粉1g，柠檬汁2mL等。

图7–2　鲜虾青豆沙拉

（2）制作过程

①将鲜虾仁和青豆煮熟，加调料调味，堆放在盘子中间。

②挤上蛋黄酱，稍作装饰即可，见图7–2（彩图57）。

（3）质量标准

色彩鲜艳，鲜嫩爽滑。

2. 明虾沙拉（Prawn Salad）

（1）原料

明虾15只，土豆沙拉1kg，生菜叶数片，蛋黄酱50g，香料150g，白葡萄酒15mL，柠檬汁3mL，盐3g等。

（2）制作过程

①明虾洗净，锅中加适量清水并加香料、柠檬汁、白葡萄酒、盐等煮开，放入处理好的明虾氽熟。

②冷却后去虾壳、虾头，保留尾部，在虾背上划一刀，去泥肠，然后切成厚片。

③把少部分碎虾肉拌入土豆沙拉，用生菜叶垫底，拌好的土豆沙拉放在上面（注意要堆放饱满），再铺满虾片，并用蛋黄酱裱成网状。如有需要，可配些番茄块做点缀。

（3）质量标准

色调清淡，嫩滑爽口。

3. 咖喱海味沙拉（Curried Seafood Salad）

（1）原料

长粒稻米100g，对虾500g，扇贝肉500g，黄油60g，芹菜碎30g，香菜末24g，青葱末15g，红辣椒碎1个，油醋汁80g，姜葱粉20g，柠檬汁50mL，糖15g，盐3g，胡椒粉1g，白葡萄酒5mL等。

（2）制作过程

①将长粒稻米淘净并沥干水分，放到加有盐的开水中，不加盖儿煮约12min，直至软熟，沥去多余的水分，在盘中铺开，至米饭干燥冷却。

②将对虾煮熟，去壳、泥肠，一切两段。

③锅中放黄油加热，加入扇贝肉，小火煎炒3～5min，熟后冷却。

④把冷却好的米饭盛在大碗中，加入处理好的对虾、扇贝肉、芹菜碎、香菜末、青葱末、红辣椒碎等拌匀；将油醋汁等所有调味品拌匀后浇到拌好的米饭上，放进冰箱冷却即可。

（3）质量标准

味鲜爽口，营养丰富。

实训案例四 其他类沙拉

1. 厨师沙拉（Chef's Salad）

（1）原料

咸牛舌25g，熟鸡脯肉25g，火腿25g，奶酪15g，熟鸡蛋1个，芦笋4根，番茄半个，生菜叶数片，法汁75g等。

（2）制作过程

①将生菜叶切成粗丝，堆放在盆子中间，把咸牛舌、熟鸡脯肉、火腿、奶酪、芦笋均切成约7cm长的粗条，竖放在生菜丝周围。

②熟鸡蛋去壳，与番茄均切成西瓜块形状，间隔着放在各种食材旁边，食用时配法汁即可。

（3）质量标准

色彩鲜艳，酸香爽口。

2. 白豆火腿沙拉（White Bean and Ham Salad）

（1）原料

干白豆250g，熟火腿100g，青椒1个，洋葱末20g，生姜数片，法汁100g等。

（2）制作过程

①干白豆用冷水浸泡约12h，期间需换两次水，以使白豆干净洁白，泡好后煮熟，沥去水分，然后趁热用一半法汁调味。

②熟火腿切成约2cm见方的丁，青椒去籽后切成细丝，用开水略烫一下，沥干水分，洋葱末放水中泡一下，用纱布挤干。

③把上述处理好的原料放在盛器内，加入剩余的法汁、生姜片拌匀即可。

（3）质量标准

色泽鲜艳，口感香烂。

3. 通心粉沙拉（Macaroni Salad）

（1）原料

通心粉100g，熟火腿75g，熟鸡蛋1个，洋葱1头，酸黄瓜末2汤匙，蛋黄酱100g，白葡萄酒10mL，盐3g，胡椒粉1g，生菜叶数片，味精、法汁各适量等。

（2）制作过程

①通心粉用开水煮熟（不宜煮烂），冷水冲凉后沥干水分，洋葱切丝，用盐腌渍一下，挤干水分备用，蛋白、蛋黄分别切碎。

②将酸黄瓜末、蛋白碎、洋葱丝与处理好的通心粉、盐、胡椒粉、味精、蛋黄酱、法汁一起拌匀，放到垫有生菜叶的碗中，撒上蛋黄碎。

③熟火腿切成宽条，用白葡萄酒调味后堆放在拌好的通心粉上面即可。

（3）质量标准

色泽鲜艳，可口滑糯。

4. 什锦冷盘（Cold Meat Salad）

（1）原料

烹熟的海鲜（或畜类、禽类肉等）作为主料，生菜和蔬菜沙拉、法汁、蛋黄酱各适量等。

（2）制作过程

①将熟制的主料切片装盆，要求刀工整齐、厚薄均匀，拼摆要整齐并有一定的造型。

②用蔬菜沙拉及生菜作陪衬、装饰，挤上蛋黄酱，淋上法汁，注意，主料与配料的数量应视就餐人数而定。

（3）质量标准

色泽鲜艳，细嫩鲜美。

任务四　其他冷菜及其制作

一、其他冷菜

（一）胶冻类

1. 概念

胶冻类冷菜是用动物凝胶和加工成熟的动植物原料制成的胶冻状菜肴。它的制作原理主要是利用蛋白质的凝胶作用。从肉皮、鱼皮等原料中可以提取出明胶，明胶溶于水后可以形成一种稳定的胶体溶液。一般情况下，溶液中的物质状态是均匀的，但胶体溶液是不均匀的。胶体溶液中的物质分为连续组和分散组，蛋白质属于连续组，其分子可以结成长链，形成一种网状结构，水分子是分散组，分散在蛋白质之间，因此胶体溶液冷却后可以保持蛋白质的网状结构，形成一种胶冻状态。

2. 适用范围

胶冻类冷菜主要是用鸡、鱼、虾等含胶原蛋白丰富的原料制成的热制冷食菜肴。胶冻类冷菜在西式宴席或便餐中用途极广，可用于正式宴会、冷餐会或鸡尾酒会等。

胶冻类冷菜的制作过程主要有以下几个步骤：

（1）把富含胶原蛋白的原料用水煮熟。

（2）煮的汤汁经调味后形成胶冻汁。

（3）把胶冻类冷菜的主辅料切配并拼摆成型，然后浇上胶冻汁，放入冰箱冷却成胶冻状。

（4）出菜时稍作装饰。

（二）冷肉类

1. 概念

冷肉类冷菜指经过烧、烤、焖等热加工后可冷食的肉食及其制品。一般情况下，西餐中的冷肉类冷菜按照加工渠道可分为两种，一种是由厨师加工制作的冷菜，主要是烤、焖、烧的畜肉、禽肉等，其制作方法往往与热菜的制法相同；另一种是由食品加工厂加工的肉类成品，常见的有各种火腿、肉肠、腌肉或熏肉等。冷肉类冷菜经过简单切配即可食用。

2. 适用范围

冷肉类冷菜一般由含蛋白质较高的禽类产品、畜类产品、水产品及各种蛋制品制成，多用于大型宴会及各类冷餐会。

（三）时蔬类、腌菜类、泡菜类

1. 概念

时蔬类指以生的蔬菜为主要原料制成的可直接食用的冷菜，可分为水果和蔬菜两大类。时蔬类冷菜一般具有开胃、助消化，以及增进食欲的作用。

新鲜的蔬菜或水果与各种调料经过一定时间发酵，会具有特殊风味，由其制成的冷菜为腌菜类。腌菜类具有味酸、香而脆辣的特点，并有解腻的作用。

新鲜的蔬菜或水果与各种调料经过短期的泡制制成的冷菜为泡菜类。泡菜类具有味酸、甜、咸而鲜脆的特点，吃起来较为爽口。

2. 适用范围

时蔬类冷菜一般选用各季的新鲜蔬菜和水果制作，多用于一般宴会和冷餐会。制作上要求刀法整齐，色泽美观，口味要求突出酸、甜、香、辣等特点。操作时要严格遵守卫生要求，以现做现吃为宜。在西餐中，由于各地区人们的生活习惯不同，时蔬类冷菜的口味也不一样。英、法、德、意、俄等欧洲国家一般以当地季节性时蔬为主，口味突出酸、辣、咸、香等。拉美等国家以季节性水果为主，口味是咸里带甜。

腌菜类冷菜一般选用质地细嫩、水分含量较多的新鲜蔬菜或水果制作，适用于各种冷餐会、鸡尾酒会或作为正常冷菜的配菜。腌菜类冷菜有时也可用于制作酸菜汤或酸菜沙拉。

泡菜类冷菜一般选用新鲜的叶菜类制作，选用新鲜水果的情况较少。泡菜类冷菜适合作为各种冷餐会或鸡尾酒会上的小吃，或作为宴会中的开胃小吃。

（四）泥酱类

1. 概念

泥酱类指西餐中将动物内脏或新鲜的蔬菜、水果经过粉碎加工后制成泥状的一类辅助食品。一般用于冷菜制作或其他开胃小吃制作。

2. 适用范围

泥酱类冷菜适用于冷餐会、鸡尾酒会等大型自助餐会，它们既可单独成为一道冷菜，也可辅助制作其他食物。一般情况下，泥类冷菜多由绞成泥的动物内脏及各种调料制成；酱类冷菜多由粉碎后的新鲜水果及调料制成。泥酱类冷菜在西餐中应用较多，尤其是在西式早餐中应用极广。

二、其他冷菜制作

实训案例一 鸡冻（Chicken in Jelly）

1. 原料

净鸡1只，全力汁750g，鲜黄瓜100g，豌豆100g，胡萝卜25g，葱头25g，芹菜25g，盐15g，香叶2片，生菜叶几片，辣根沙司适量等。

2. 制作过程

（1）净鸡洗好，加水、胡萝卜、芹菜、葱头、香叶、盐煮熟，晾凉后鸡切片备用，鲜黄瓜、胡萝卜切成花片备用。

（2）在模子底部浇上部分全力汁，冷凝后贴上胡萝卜片、鲜黄瓜片，放上鸡肉片及豌豆，再浇上部分全力汁，放入冰箱，使之冻结。冻好后把鸡冻扣在盘内，周围配上生菜叶，淋上辣根沙司即可。

3. 质量标准

晶莹透明，鸡肉软嫩。

实训案例二 束法鸡

1. 原料

净鸡1只，鸡肝泥500g，奶油沙司500g，胡萝卜、葱头、芹菜各50g，盐10g，香叶2片，柠檬汁、全力汁、生菜叶、番茄片各适量等。

2. 制作过程

（1）把净鸡捆扎整齐，加水、葱头、胡萝卜、芹菜、香叶、盐煮熟，冷却备用。

（2）把鸡脯肉片下，去除胸骨，鸡膛内填上鸡肝泥备用。

（3）奶油沙司中加入柠檬汁、全力汁，搅拌均匀，晾至30℃左右时均匀地浇挂在处理好的鸡上，放冷藏室冷透，然后在鸡胸部点缀上图案，再浇挂一层全力汁，再放冷藏室冷透，最后处理掉盘内多余的奶油沙司和全力汁，用生菜叶、番茄片等装饰即可。

3. 质量标准

色泽洁白，图案美观。

实训案例三　龙虾冻（Lobster Gelatine）

1. 原料

龙虾1只，全力汁750g，蛋黄酱150g，黑鱼子100g，红鱼子100g，煮鸡蛋4个，生菜叶数片，盐5g，胡椒粉3g，香叶1片，白醋5mL，胡萝卜、葱头、芹菜各15g等。

2. 制作过程

（1）龙虾洗净，放在锅内，加水、胡萝卜、葱头、芹菜、胡椒粉、盐、白醋、香叶煮熟，在原汤内泡至变凉，剥去龙虾壳，取出龙虾肉。

（2）把龙虾肉切成圆片，放入冰箱冷却。把100g全力汁加到蛋黄酱中拌匀，浇在龙虾肉肉片上，再放入冰箱，使其冻结。

（3）冻结好后点缀上图案，浇上一层全力汁，然后再次放入冰箱冻结，反复数次。

（4）把剩余的全力汁倒在盘底，然后将冻结好的龙虾冻放在盘子里，周围配上红鱼子和黑鱼子、煮鸡蛋、生菜叶等即可。

3. 质量标准

鲜艳晶莹，虾肉鲜嫩。

实训案例四　柠檬鸡蛋咖喱冻（Chicken in Jelly with Eggs）

1. 原料

柠檬50g，鸡蛋200g，咖喱粉80g，白砂糖50g，樱桃酒100mL等。

2. 制作过程

（1）将柠檬挤汁；把鸡蛋的蛋黄、蛋清分开；用开水将咖喱粉溶化并调匀；将柠檬汁、蛋黄、白砂糖放在一起拌匀；蛋清用打蛋器打成泡沫状备用。

（2）把泡沫状蛋清缓缓倒入调好的咖喱溶液内，再倒樱桃酒、蛋黄糖汁调匀，倒入模具内，放入冰箱冷藏至凝固即可。

3. 质量标准

酸甜香郁，鲜艳晶莹。

实训案例五 苹果冻（Apple Gelatine）

1. 原料

苹果200g，小麦淀粉20g，鸡蛋50g，白砂糖75g，柠檬汁15mL，盐3g等。

2. 制作过程

（1）苹果削皮、去核，刮制成泥；鸡蛋打开，取蛋清，打发至起泡，缓缓地加白砂糖、小麦淀粉调匀，倒入盘内，放进冰箱，冷藏成蛋白冻备用。

（2）把盐、白砂糖、小麦淀粉混合在一起，搅拌均匀，再加入苹果泥，用适量清水调匀，然后上蒸锅用大火蒸至凝结，浇上柠檬汁，食用时配上蛋白冻即可。

3. 质量标准

酸甜爽口，色泽美观。

实训案例六 火腿慕斯（Ham Mousse）

1. 原料

熟火腿500g，鸡汁150g，全力汁100g，打发奶油200g，盐3g，胡椒粉2g，芥末粉1g，白兰地酒、马德拉酒各15mL等。

2. 制作过程

（1）先在模具刷上少许全力汁。

（2）将熟火腿搅打成茸状，放入冰箱冷却，待冷透后取出，加鸡汁、全力汁、盐、胡椒粉、芥末粉拌匀，最后加入打发奶油、白兰地酒、马德拉酒。

（3）处理好后倒入模具，放入冰箱冷却。

（4）上桌前将其反扣于盘中即可，如是大型模具，扣出后要改刀装盘。可用生菜、香菜等装饰。

3. 质量标准

外形美观，口感肥润。

实训案例七 鸡肉卷（Gelatine of Chicken）

1. 原料

净鸡1只（约500g），鸡蛋1个，浓鸡汤全力汁150g，白葡萄酒15mL，鼠尾草4g，盐5g，胡椒粉2g，葱头、胡萝卜、芹菜各25g，香叶1片，猪肉馅适量，沙司适量等。

2. 制作过程

（1）净鸡去骨，鸡肉平放于案板上，将其筋剁断，然后加盐、胡椒粉和少量白葡萄酒腌渍入味。

（2）在猪肉馅中加入盐、胡椒粉、白葡萄酒、鼠尾草、鸡蛋液，拌匀后平铺在处理好的鸡肉上，把鸡肉卷成圆筒形，用布包紧并用线绳捆好。

（3）把鸡肉卷放入锅中，加水、胡萝卜、葱头、芹菜、香叶煮熟，然后取出冷却。

（4）把冷却好的鸡肉卷切成片码放在盘中，再把冻结的浓鸡汤全力汁切成小丁，撒在盘子四周，出菜时搭配沙司即可。

3.质量标准

色泽浅黄，浓香微咸。

实训案例八　葱汁肝泥（Minced Beef Liver）

1.原料

牛肝750g，猪肥膘200g，芹菜50g，葱头400g，胡萝卜65g，黄油50g，鸡清汤300g，辣酱油25g，肉蔻粉适量，奶油65mL，香叶1片，胡椒粉30g，盐10g等。

2.制作过程

（1）将牛肝去膜、去筋，切成方块，用开水氽烫，捞出后用水洗净；把猪肥膘切成小丁，胡萝卜、部分葱头、芹菜洗净，切好。

（2）将猪肥膘丁和切好的胡萝卜、芹菜、葱头及香叶一起炒约3min，加入处理好的牛肝、胡椒粉、盐翻炒片刻，加入鸡清汤焖4～5min，然后将焖熟的牛肝取出粉碎，再将粉碎好的牛肝放入锅中，上火，加黄油、鸡清汤、肉蔻粉、奶油、辣酱油拌匀，离火冷却。

（3）把剩下的葱头切成小丁，炒成焦黄色。

（4）将肝泥装盘，用刀抹光滑，而后压上花纹，浇上炒好的葱头丁即可。

3.质量标准

色泽灰红，味香微咸。

实训案例九　法式鹅肝酱（French Goose Liver Terrine）

1.原料

鲜鹅肝1kg，鸡油1kg，猪肥膘薄片适量，鸡蛋3个，马德拉酒20mL，白兰地酒10mL，味精15g，盐15g，硝水3g，豆蔻粉7g，草粉1g，香叶4片，百里香3g，白胡椒粉10g等。

2.制作过程

（1）鲜鹅肝去筋、去膜，粉碎后过筛。

（2）加入鸡蛋和各种调味料搅拌，边搅拌边徐徐加入鸡油，直至鸡油加完。

（3）取一个长方形模具，先在四周垫上猪肥膘薄片，再倒入处理好的鹅肝酱，最后在上面再盖一片猪肥膘薄片，顶部撒少许百里香，放上香叶，用模具盖子盖好。

（4）将模具放在90℃～100℃的水中微火煮约2h，煮好后取出冷却，晾凉后放入冰箱冷藏。

（5）出菜前从模具中扣出，切片装盆并做装饰点缀即可。

3. 质量标准

色泽暗红，肥滑细腻。

任务五　冷菜装盘工艺

冷菜装盘是衡量冷菜质量的重要标准之一。众所周知，菜肴的色、香、味、形是衡量菜肴质量的四大要素，而冷菜装盘能够充分体现冷菜的视觉艺术性，是冷菜食品展示中要求最严格的一个方面，特别是专门用来展示的冷盘，要求有较高的精确性和良好的艺术性。冷盘既包括简单的切片冷菜，也包括精心构造的搭配协调、营养合理、式样美观的冷菜。

西餐冷菜装盘灵活性较强，并没有一定的固定模式，但一个富有经验的厨师可以根据不同的主题、不同的材料、不同的季节等，搭配出风格迥异、样式典雅的装盘，以烘托就餐气氛，提高顾客食欲。一般来说，冷菜装盘的效果要超过烹调的效果。

一、冷菜装盘的基本要求

（一）清洁卫生

冷菜装盘后直接供顾客食用，因此菜肴的清洁卫生特别重要。冷菜装盘时应避免与任何生鱼、生肉等接触，即使是直接装盘的蔬菜，也必须经过消毒。此外，装盘所使用的刀具、器皿等也要经过消毒处理，以防污染。

（二）刀工简洁

西餐冷菜的装盘在刀工处理上要注意简洁。刀工处理简洁不仅可以节省时间，更重要的是能保持菜肴的清洁卫生。此外，还应尽可能利用原料的自然形状进行刀工处理，避免过多的精雕细刻。

（三）式样典雅

西餐冷菜往往是全餐的第一道菜，因此其装盘形状美观与否直接影响顾客的食欲。在装盘的式样上要力求自然典雅、美观大方。另外，装盘的式样要考虑到就餐者的身份、宗教信仰、民俗习惯等。

（四）色调和谐

冷菜装盘时，如果色调处理得好，不但有助于显示形态美，而且能显示其内容的丰富、色彩搭配的协调，给人以清新、自然、和谐的感觉和美的享受。此外，冷菜在装盘时还应重视对器皿的选择，要根据菜肴的色泽和形态选择器皿，以使其与菜肴的色彩、形态和谐统一。

二、冷菜装盘的基本原则

（1）餐盘摆放的三大要点：

• 中心装饰品应以可食性材料制成。中心装饰品可以是一整块未切分过的食品，如派或冷烤肉；也可以是分开但互相关联的食品，如插有蔬菜花的由南瓜制作的花瓶。不管中心装饰品是否要被食用，都应当以可食性材料制成。

• 艺术性地摆放主要食品。

• 装饰品应按切片的比例艺术性摆放。

（2）食品的摆放应易于处理和上菜，当一部分餐盘被取走时，不应该影响其他餐盘的摆放。

（3）简单的设计是最佳的。简单的设计容易上菜，但其实简单的设计是最难制作的，因为很少有其他装饰去吸引客人的注意力，这样就需要将菜点及相关设计做到完美。

（4）容器可以采用银或其他金属、瓷、塑料、木或其他材料的器具，以使菜点与容器相得益彰。金属盘可能会褪色或使食品带上金属味，应在摆放食品前先铺一层薄肉冻。

（5）一旦食物接触到了盘子，就不要再移动它。闪亮的银盘或镜盘很容易弄脏，一旦弄脏你就得将盘子洗干净重新开始。这也显示了事先计划的重要性。

（6）将冷盘看成整个餐台的一部分。餐盘和桌上的其他物品都应该有吸引力，都应放在合适的位置。

三、冷菜装盘的方法

（一）沙拉的装盘

沙拉的装盘并没有一定的规格，但要讲究色彩协调、器皿搭配和谐、顾客易于取用，能给人以美的享受。沙拉的装盘一般有以下几种方式：

1. 分格装盘

适用于不同风味、不同味道的原料，多用于自助餐、冷餐等。可以根据需要配以碎冰，以保持沙拉清新。

2. 圆形装盘

一般是在沙拉盘内先垫上生菜叶等围边，然后将调制好的沙拉放在中间，堆成丘状，使菜肴整体造型生动美观。

3. 混合装盘

主要用于不同颜色及用多种原料调制的沙拉。装盘时要注意色彩搭配、造型美观。这类沙拉的调味汁一般用色浅、味淡、较稀的油醋汁或法汁等，以保持原料原有的色泽和形态。

（二）其他冷菜的装盘

西餐冷菜种类繁多，其装盘方法也是多种多样，通常有以下几种装盘方式：

1. 平面式装盘

即将各种冷菜如批类、冷肉类、胶冻类等经不同刀工处理后平放于盘内。

2. 立体式装盘

主要用于高档冷菜的装盘。一般是将整只的禽类、鱼类、龙虾及其他大块肉类原料等，通过构思、设计和想象拼摆成各式各样的造型，再用其他装饰物搭配，使之成为高低有序、层次错落、豪华艳丽的立体式装盘。

3. 放射状装盘

主要用于自助餐、冷餐酒会及高级宴会大型冷盘的装盘。一般以冰雕、黄油雕、大型禽肉类、酱汁等为主体，周围呈放射状拼摆上各种冷菜。拼摆时应注意各种冷菜原料色彩、造型等的搭配。

四、摆盘设计

（一）事先计划

最好事先勾画出草图，否则装盘后才发现没有把食品摆在所希望的地方。重新摆盘只会浪费时间，重复处理食品。可以把盘子分成6等份或8等份，这样就可以避免食品的摆放偏重一侧或出现其他问题了，便于设计平衡、对称的构图。

（二）使设计具有动感

摆盘设计应使人们的视线随着食品的线条在盘子中移动。例如，对于需要排列成线或列的食品，可以把线排成弯曲的或成角度的样式，以使其具有动感。一般来说，曲线和角是具有动感的（直角除外）。

（三）使设计具有焦点

这是中心装饰品的功能，它能通过摆放方向和高度设计增强这一效果。要实现这一效果，可以使所有的线都汇集到中心装饰品，也可以使所有的角度都朝向中心装饰品，或以优雅的曲线包围中心装饰品。

注意，中心装饰品并不一定在正中心；应从顾客的角度来设计摆盘；并非餐台上的每个盘子都要有中心装饰品。

（四）各种食品应成比例

盘子上的主要食品，肉、派或其他东西，应当看起来就是主要食品。中心装饰品不应太大或太高，不能占据整个盘子，更不能掩盖主要食品。中心装饰品的大小、高度和数量都应该起到突出主要食品的作用。中心装饰品的数量应与主要食品的数量成比例，盘子的大小应同食品数量成比例，不要选择过小或过大的盘子，以至于让客人觉得过于局促或过于空荡。食品之间和各盘之间应保持足够的距离，避免盘子摆放混乱。

（五）将最好的一面呈现给就餐者

摆盘设计应将最好的一面呈现给就餐者。

复习思考题

1. 简述西式冷菜的概念。
2. 冷菜在西餐中有何作用？它与中餐中的冷菜有何不同？
3. 在西餐中，冷菜是如何分类的？
4. 开胃菜有哪几类？举例说明它们各自的特点及适用范围。
5. 制作沙拉时要注意哪些事项？
6. 沙拉如何分类？每一类有哪些显著特点？
7. 胶冻类冷菜制作原理是什么？哪些原料适合制作胶冻类冷菜？
8. 冷肉类冷菜有哪几种加工渠道？
9. 腌制类、泡菜类冷菜的制作原理是什么？它们之间有何共同点和区别？
10. 泥酱类冷菜在生产过程中需要注意的问题是什么？
11. 生食沙拉有哪些特点？对原料有什么要求？在菜单中起什么作用？

12. 用于制作熟蔬菜沙拉的原料有哪些？其成熟加工有哪些要求？
13. 什锦冷盘在装盘方面有什么要求？它有哪些常用的装盘方法？
14. 如何进行摆盘设计？
15. 冷菜装盘的方法有哪些？

项目八　西餐热菜制作工艺

学习目标

- 了解食物热处理技术
- 了解肉类烹调概述
- 了解西餐热菜调味概述
- 掌握热菜烹调方法及制作

看电子书　看PPT

西餐热菜制作工艺主要分为烹制与调味两个部分，两者之间相互配合、相辅相成。这里为了阐述方便，特对其分开介绍。

任务一　食物热处理技术

在西餐菜肴烹制过程中，热传递的方式多种多样，近现代食品科学家根据使食物成熟时的能量传递方式，将食物热处理技术分为干热法、湿热法、组合烹饪法。

一、干热法

干热法的传热方式主要是辐射、传导、空气对流等，干热法主要有烤、炙烤、铁扒、炒、煎、炸等，有时也将使用油加热的方法单独称为油热法。此外，比较特殊的还有微波法。

二、湿热法

湿热法的基本特征是利用水或水蒸气等作为热载体或传热介质，其与干热法相对，主要包括煮、蒸、炖、焖等。

湿热法又因热载体水分子的状态分为液相湿热法和蒸汽相湿热法。液相湿热法主要有汆、煮、烩、焖；蒸汽相湿热法主要是蒸。此外，液相湿热法主要是在常压下进行的，但如果采用加压设备（如高压锅等），也可以在加压的条件下进行，如加压蒸煮。

三、组合烹饪法

组合烹饪法指食物成熟过程中需要使用到干热法和湿热法两种方式的热处理方法。例如，烩（先将食物用干热法——煎的方式处理好，再加入水等液体进行烹煮——湿热法）等。

食物热处理技术区分见表9-1。

表9-1 食物热处理技术区分

分类	说明	传热方法	举例
干热法	在烘烤箱或其他密封容器中烘烤	辐射和对流	烘、烤
	直接加热	传导	在烤架上炙烤或直接灼烤
湿热法	在沸水中煮	传导	煮
	直接用水蒸气蒸（或在水蒸气加热的容器中蒸）	传导（或对流）	蒸
	在压力下用水蒸气蒸	传导	加压烹调
	在低于沸点的水中煮	传导	炖、煨
油热法	将食物全部或部分放到热油中炸	传导和对流	炸
	在浅油中加热	传导	煎
	在少许油中翻拌加热	传导	炒
微波法	食物在烘箱中经受微波辐射	食物内部产生热	

任务二　肉类烹调概述

一、肉类烹调方法和成熟程度

（一）肉类烹调方法

采用干热法加热，容易在肉的表面形成硬壳并发生焦糖化作用，有助于改善肉的风味。同时，蛋白质凝固变硬会使肉的咀嚼性增强，肉的嫩度下降。一般情况下，高质量的嫩质肉最适合使用干热法烹调。例如，牛、羊、猪等肉类原料的脊背部分可以制作成鲜嫩的烤牛排、烤羊排、烤猪排等。

油热法主要适合肉质较嫩的肉类，但高温加热会使肉的嫩度下降。

在较低温度下长时间进行湿热烹调，可使肉类结缔组织中的胶原蛋白转变成明胶，从而改善肉类的嫩度。

从微波传热的原理可以看出，含水量多的肉类原料（相对较嫩的肉类）用微波法烹调更容易成熟，也更容易保持肉类的原有嫩度。

（二）肉类烹调成熟程度

适度烹调是肉类烹饪的最高准则，有利于保证肉类嫩度与菜肴风味。不同成熟程度畜肉的特点见表9-2。

表9-2　不同成熟程度畜肉的特点

畜肉的成熟程度	特点
三四成熟	畜肉内部颜色为红色，按压畜肉时没有弹性并留有痕迹，肉质较硬。此时： • 牛肉内部温度是49℃～52℃ • 羊肉内部温度是52℃～54℃ • 猪肉三四成熟时不能食用
五六成熟	畜肉内部颜色为粉红色，按压畜肉时没有弹性但留有小的痕迹，肉质较硬。此时： • 牛肉内部温度是60℃～63℃ • 羊肉内部温度约为63℃ • 猪肉五六成熟时不能食用
七八成熟	畜肉内部没有红色，用手按压畜肉时没有痕迹，肉质硬，弹性强。此时： • 牛肉内部温度约为71℃ • 羊肉内部温度约为71℃ • 猪肉七八成熟时不能食用

二、肉类烹调效果的影响因素

评价肉类烹调效果的指标有质感（嫩度）、多汁性、风味、外观和出品率等，前4项是最主要也是最常用的。这4项指标受烹调温度和烹调时间的影响。温度与时间是肉类烹调中两个相互关联的重要因素。

（一）温度

肉块的内部温度是判断其成熟程度的一个重要参数，西餐中有专门的肉用温度计。肉用温度计有两种类型——直接型和间接型。直接型肉用温度计的读数盘和探针直接连为一体，使用时要将探针插入肉块的中心部位，只有靠近肉块才能看清读数盘上的指示温度；间接型肉用温度计的读数盘和探针是分开的，二者之间通过电线相连，因此便于远距离的温度测量与控制。肉用温度计是唯一能够准确判断肉质内部温度的指示器。

长时间的高温烹调可以硬化肌纤维和结缔组织、汽化固有水分、消耗脂肪、导致肉块收缩。同一品种外形、质量均相同的两块牛肉，低温烤制比高温烤制更嫩、汁液更多、风味更好、出品率更高。此外，低温烤制时脂肪不会大量“溅”开、产烟少，会使烤炉较干净、清洗更方便。因此，一般推荐采用低温烹调，当然也不能排除一些特殊的烹调方法采用高温（如“铁扒”这一烹调方法，铁板的温度可达180℃～200℃）。以上方法主要针对干热法，湿热法的烹调温度保持在100℃左右（采用高压锅烹调的例外），只有延长加热时间，才能改变肉质的口感。如炖制牛肉，常需要在100℃的条件下慢火加热2h左右，才能使牛肉口感酥烂、鲜美多汁。在烹调过程中，将叉子插进肉内试其抗压情况，是测试肉块成熟程度的一种常见方法。

（二）时间

烹调时间是判定肉块成熟程度的另一个重要参数，不同烹调方法在烹调过程中所需的时间长短不同。高温烹调所需时间一般比较短；低温烹调所需时间一般比较长。

1. 干热法

干热法烹调时间的长短主要取决于以下因素：

（1）肉块的大小和重量。肉块越大，重量越大，热传至肉的最厚部分的距离越远，烹调所用的总时间就越长。大块肉每千克所需的烹调时间通常比同类型的小块肉所需的时间长，薄而宽的肉块每千克所需的烹调时间比同样重量的小而厚的肉块所需的时间短。

（2）肉中骨头的含量。由于骨头能够较快地将热量传导到肉块内部，因此同等重量的无骨肋排所需的制作时间比一般肋排要长一些。

（3）肉块表层脂肪的厚度。肉类表面的脂肪担任着隔热层的角色，会大大延长烹调时间。但是，呈大理石花纹状的肉（即肥瘦均匀分布的肉）烹调时间较短，因为融化的脂肪能够迅速将热量传到肉的各个部分。

（4）烹调的初始温度。室温放置的肉块比刚从冰箱中取出的肉块烹调起来成熟更快。一般来说，烹调冻肉所需时间是烹调室温放置的肉的3倍，因此，烹调前最好将冻肉先行解冻。

（5）烹调温度。温度高则烹调时间短，温度低则烹调时间长。

（6）肉块与热源的距离。肉块离热源近，则温度高，烹调时间短；反之，则温度低，烹调时间长。

2. 湿热法

湿热法的烹调时间长短主要取决于以下因素：

（1）肉块的大小和重量。大块肉烹调时间长，小块肉烹调时间短。

（2）肉块的固有嫩度。长时间的低温烹调可以嫩化肉质，因此嫩度较差的肉需在较低温度下加热很长时间，而具有一定嫩度的肉烹调时间则可以短一些。

三、确定肉类烹调程度的方法

确定肉类烹调程度的方法有很多，常见的有测温法、计时法、辨色法、触摸法、品尝法等。在实际菜肴制作过程中，常常结合几种方法来判断，这样结果更为准确。

（一）测温法

烹调温度是影响菜肴嫩度的重要因素之一。在烹调过程中，温度过高，特别是过了火候，肉质就会变老。其质感变化主要源于肉中肌原纤维蛋白的变性和蛋白质持水能力的变化。短时间加热，肉中的肌原纤维蛋白尚未变性，组织水分损失很少，肉质比较细嫩；加热过度，肌原纤维蛋白深度变性，肌纤维收缩脱水，肉质老而粗韧。因此，把握合适的烹调温度很重要。西餐中对肉类的烹调温度有严格的规定，而且多用肉用温度计来测量食物的内部温度。这种方法有助于找到口感要求的最佳温度。

（二）计时法

计时法即通过记录加热时间来确定肉类烹调程度的方法。这是西餐制作中经常采用的方法。

（三）辨色法

西式烹调中比较重视辨色法，因为它比较直接，且效果好。用这种方法判断肉类的烹调程度，具体是在烹调过程中观察切开的肉块中心颜色，红色为生，粉红色为半生半熟，褐色为熟透。

（四）触摸法

该方法是西式烹调中常用的方法。鉴定时，用拇指和其他手指指端相互配合，捏住或按压肉块，根据所产生的可感硬度和弹性判断烹调程度。当拇指和其他不同手指捏在一起时，指端可以明显感知的硬度是不同的，拇指与食指捏在一起时的可感硬度为生；拇指与中指捏在一起时的可感硬度为半熟偏生；拇指与无名指捏在一起时的可感硬度为半生半熟；拇指与小指捏在一起时的可感硬度为熟透。

（五）品尝法

品尝法在西式烹调里较为常见，通过品尝可切实感受肉类的烹调程度。

任务三　西餐热菜调味概述

调味就是把菜肴的主料、辅料与多种调味品适当配合，使其相互影响，去除异味，增加美味，形成菜肴风味特点的过程。

一、调味原则

（一）根据菜肴的风味特点进行调味

长期以来，西餐各式菜肴已形成各自的风味特点，因此在调味时应注意保持其原有的特点，不能随便改变其固有的风味。如俄罗斯人口味较重，英国人口味较清淡，美国南部靠近墨西哥地区人的口味偏辣等。

（二）根据原料的不同性质进行调味

西餐烹饪原料很多，特点各异。对于本身滋味鲜美的原料，要利用味的对比现象，突出原料的本味；对于带有异味的原料，调味要偏浓重，利用消杀现象或调味品的化学反应去除异味。

（三）根据不同的季节进行调味

人们口味的变化和季节有一定的关系。在炎热季节人们喜爱口味清淡的菜肴，在严寒季节人们喜爱口味浓郁的菜肴。在调味时应根据季节规律，灵活掌握口味的变化。

二、调味方法

西餐调味的方法主要有原料加热前调味、加热中调味、加热后调味3种形式。

（一）加热前调味

加热前调味，又叫基础调味，目的是使原料在烹制之前就具有基本的味道，同时减除某些原料的腥膻味，改善原料的色泽、硬度和持水性。加热前调味主要用于加热中不宜调味或不能很好入味的烹调方法，如烤、炸、煎等一般均需对原料进行基础调味。此阶段所用的调味方法主要有腌渍法、裹拌法等。腌渍法是将加工好的原料用调味品（如盐、辣酱油、料酒、糖等）拌匀、浸渍，浸渍时间根据具体要求而定。裹拌法下，原料的裹粉、调味和致嫩处理同时完成。

（二）加热中调味

加热中调味，又叫正式调味或定型调味。其特征为调味在加热炊具内进行，目的是使菜肴所用的各种主料、配料及调味品的味道融合在一起，相辅相成，从而确定菜肴的滋味。

（三）加热后调味

加热后调味，又叫辅助调味，指菜肴起锅后上桌前或上桌后的调味，是调味的最后阶段，其目的是补充前两个阶段调味之不足，使菜肴滋味更加完美或增加菜肴的特定滋味。如肉类炸制菜肴往往在成菜后或上桌前撒椒盐或挤上番茄酱等调味，煎烤牛排类菜肴在上桌前另浇沙司调味等。

值得注意的是，并不是所有的肉类菜肴都一定要经历上述3个阶段，有的肉类菜肴只需在某一阶段完成调味，这种情况称为一次性调味。有些肉类菜肴需要经历上述3个阶段或者其中的某两个阶段，这种情况称为重复性调味。

三、调味作用

（一）确定菜肴的口味，形成菜肴的风味

菜肴的口味主要通过调味确定，同时调味还是形成菜肴风味的主要手段。西餐和中餐菜肴的不同口味主要是调味造成的。同样是牛肉，使用的调味品不同，就可以形成不同风味特点的菜肴。

（二）形成美味，去除异味

烹饪原料本身的滋味是有限的，甚至有的原料本身并无明显的味道。通过调味，可以增加原料的味道，使其成为人们喜爱的菜肴；有的烹饪原料有异味，如水产品的腥味和羊肉的膻味等，通过调味，利用消杀现象和其他化学变化可以去除异味。

（三）使菜肴多样化

菜肴品种的变化是由多种因素决定的，其中调味是主要因素之一。同样的原料，同样的烹法，使用不同的调味品，就可以调制出不同的菜肴。

任务四　热菜烹调方法及制作

一、炸

（一）概念

炸（Deep-fried）是把加工成型的原料经调味后裹上粉或糊，放入油中加热至成熟并上色的烹调方法。炸的传热介质是油，传热形式是对流与传导。常用的炸法有以下两种：

（1）在原料表层沾面粉，裹上鸡蛋液，再沾上面包糠，然后进行炸制。

（2）在原料表层裹上面糊，然后进行炸制。

（二）特点

由于炸制的菜肴是在短时间内用较高的温度加热成熟的，原料表层可结成硬壳，原料内部水分充足，因此菜肴具有外焦里嫩或香脆的特点，并有明显的脂香气。

（三）适用范围

炸制菜肴由于要求原料在短时间内成熟，因此适宜制作粗纤维少、水分充足、质地细嫩、易成熟的原料，如鱼虾等。

（四）制作关键

（1）炸制时油温一般为160℃ ~ 175℃，最高一般不超过195℃，最低约为145℃。

（2）炸制用油不宜选用燃点较低的黄油或橄榄油。

（3）炸制体积大、不易成熟的原料时，要用较低的油温，以便热能逐渐向原料内部传导，使其成熟。

（4）炸制裹有面糊的原料时也应用较低的油温，以使面糊膨胀，热能逐渐向内部传导，使原料熟透。

（5）炸制体积小、易成熟的原料时，油温要稍高些，以便原料快速成熟。

（6）炸制用油一定要经常过滤，去除杂质，并定期更换。

实训案例一　酥炸香蕉（Deep-fried Banana Fritters）

1. 原料

香蕉8根，鸡蛋3个，糖35g，糖粉50g，面粉125g，牛奶100mL，白兰地酒50mL，盐1g，黄油15g，粟米油250g等。

图8-1　酥炸香蕉

2. 工具

油炸炉、厨刀、打蛋器等。

3. 制作过程

（1）将面粉和盐混合在一起，加入鸡蛋液、黄油和牛奶，搅拌均匀，放置约1h后搅打成牛奶糊备用。

（2）糖放入白兰地酒中搅化，将去皮的香蕉切成块，浸入白兰地酒和糖的溶液中，浸泡约30min。

（3）将浸泡好的香蕉捞出，沾上干面粉，裹上牛奶糊，放入油炸炉，以约165℃的温度炸制约3min，装盘时撒上糖粉，稍作装饰，趁热上桌即可，见图8-1（彩图58）。

4. 质量标准

色泽金黄，香甜软糯。

技能拓展

一、炸火腿奶酪猪排（Ham and Cheese Stuffed Pork Chops）

1. 原料

净猪大排肉75g，奶酪10g，火腿10g，面包糠35g，鸡蛋液50g，面粉25g，色拉油250g，盐3g，胡椒粉1g，土豆泥75g，番芫荽5g等。

2. 工具

油炸炉、厨刀等。

3. 制作过程

（1）净猪大排肉用刀拍开，稍剁，抹平；奶酪与火腿切成薄片，放在处理好的猪大排肉中央，用处理好的猪大排肉把奶酪片与火腿片包成方形。

（2）包好后撒盐、胡椒粉，沾上面粉，裹上鸡蛋液，沾上面包糠。

（3）色拉油加热至约165℃，放入包好的猪排，炸至金黄色、成熟时捞出。装盘时在盘边放上土豆泥并用刀压出花纹，撒上番芫荽即可。

4. 质量标准

色泽金黄，外焦里嫩。

二、香炸鱼柳（Deep-fried Sole Fillet）

1. 原料

板鱼750g，鸡蛋1个，面粉50g，面包糠75g，柠檬50g（取汁），辣酱油15g，白胡椒粉2g，鞑靼沙司50g，雪利酒50mL，盐3g，黄油75g，色拉油150g等。

2. 工具

油炸炉、厨刀等。

3. 制作过程

（1）板鱼洗净，去头、尾，去皮折骨，将厚薄不匀的地方修饰平整，取下肉，切成条状，并用刀拍好，然后将之放在盘中，挤上柠檬汁，撒上盐、白胡椒粉，淋上雪利酒、辣酱油等。

（2）将处理好的鱼肉条沾上面粉，裹上鸡蛋液，沾上面包糠，放入油炸炉，以约165℃的油温炸制约3min。炸好的鱼块装盘，淋上融化的黄油，配上蔬菜和鞑靼沙司即可。

4. 质量标准

色泽金黄，鱼肉鲜嫩。

三、黄油鸡卷（Chicken Kiev）

1. 原料

净鸡脯肉75g，面包糠50g，鸡蛋1个，面粉15g，白面包1片，炸土豆丝50g，煮胡萝卜35g，青豆35g，粟米油250g，黄油25g，盐1g，胡椒粉1g等。

2. 工具

油炸炉、肉锤、厨刀等。

3. 制作过程

（1）将黄油捏成橄榄形，放入冰箱稍冻，冻好后沾上面粉备用。白面包切去四边，再斜切成坡形，并片去中央的一块，形成沟槽，制成面包托。

（2）将净鸡脯肉用刀拍平，剁断粗纤维，然后将橄榄状黄油放在处理好的鸡脯肉上，左手按住黄油，右手用力将鸡脯肉卷起，卷成橄榄状鸡卷。鸡卷上撒盐、胡椒粉，沾上面粉，裹上蛋液，沾上面包糠，用手按实。

（3）油炸炉加热至140℃～150℃，放入处理好的鸡卷及面包托，面包托炸成金黄色时捞出，鸡卷则要不断转动，并随时往上浇油，使之均匀受热，待炸至金黄色、油中水泡将尽时将鸡卷捞出，用餐巾纸吸干多余的油脂。盘子内放上配菜，摆上炸好的面包托，炸好的鸡卷放于面包托，稍作装饰即可。

4. 质量标准

色泽金黄，形似橄榄。

二、炒

（一）概念

炒（Saute）是把经过刀工处理的小体积原料用少量的油、较高的温度在短时间内加热成熟的烹调方法。

（二）特点

由于炒制的菜肴加热时间短、温度高，而且在炒制过程中一般不加汤汁，因此炒制的菜肴具有脆嫩、鲜香的特点。

（三）适用范围

炒的烹调方法适宜制作质地鲜嫩的原料，如里脊肉、外脊肉、鸡肉及一些蔬菜和部分熟料，如面条、米饭等。

（四）制作关键

（1）炒制的油温范围在150℃～195℃。

（2）炒制的原料形状要小，而且大小、厚薄要均匀一致。

（3）炒制的菜肴加热时间短，翻炒频率要快。

实训案例二　西班牙炒蘑菇（Champignons à la Bourguignonne）

1. 原料

鲜蘑菇500g，香菜5g，大蒜50g，布朗沙司50g，胡椒粉2g，盐3g，黄油25g等。

2. 工具

平底锅、漏铲等。

3. 制作过程

（1）鲜蘑菇洗净切丁，大蒜切碎，香菜切末。

（2）平底锅烧热，加上黄油，放入大蒜末炒香，随即将蘑菇丁放入，待炒到熟透时，加盐、胡椒粉、布朗沙司，再略炒一下，然后起锅装盘，撒上香菜末即可，见图8–2（彩图59）。

图8–2　西班牙炒蘑菇

4. 质量标准

鲜香嫩肥，色泽美观。

技能拓展

俄式牛肉丝（Sauteed Shredded Beef）

1. 原料

牛里脊肉120g，酸奶油10mL，干红葡萄酒50mL，红椒粉2g，布朗沙司100g，盐2g，胡椒粉1g，番茄酱15g，洋葱半头，青椒、红椒各1个，酸黄瓜1根，蘑菇2朵，黄油50g，米饭50g等。

2. 工具

平底锅、漏铲、厨刀等。

3. 制作过程

（1）把牛里脊肉、洋葱、青椒、红椒、酸黄瓜均切丝，蘑菇切片。用黄油将洋葱丝炒香后加入番茄酱炒透，随后放入青椒丝、红椒丝稍炒，再放入牛肉丝，调入酸奶油、干红葡萄酒、红椒粉、盐、胡椒粉、布朗沙司，炒透。

（2）在盘边配上米饭，倒上炒好的肉丝即可。

4. 质量标准

色泽诱人，口味浓香。

三、煎

（一）概念

煎（Pan–fried）是把加工成型的原料经腌渍后用少量油加热至规定成熟度的烹调方法。煎的传热介质是油和金属，传热形式主要是传导。常用的煎法有以下3种：

（1）原料腌渍后直接放入锅中加热。

（2）原料腌渍后先沾上一层面粉或面包糠，再放入锅中加热。

（3）原料腌渍后先沾上一层面粉，再裹上鸡蛋液，然后放入锅中加热。

（二）特点

直接煎和先沾面粉（面包糠）再煎制的方法可使原料表层结壳，内部失水少，因此所制的食品具有外焦里嫩的特点。裹鸡蛋液煎制的方法能充分保持原料的水分，使食品具有鲜嫩的特点。

（三）适用范围

由于煎制是用较高的油温使原料在短时间内成熟，因此适宜选用质地鲜嫩的原料，如里脊、外脊、鱼虾等。

（四）制作关键

（1）煎制时油温范围在120℃～170℃，最高一般不超过195℃，最低约为95℃。

（2）使用的油不宜多，最多只能浸没原料的一半。

（3）煎制薄、易成熟的原料应用较高的油温；煎制厚、不易成熟的原料应用较低的油温。

（4）煎制菜肴的开始阶段应用较高的油温，然后再用较低的油温，以使热度逐渐向原料内部渗透。

（5）煎制裹有鸡蛋液的原料时应用较低的油温。

（6）在煎制的过程中要适当翻转原料，以使其均匀受热；在翻转原料的过程中，应注意不要碰损原料表面，以防原料水分流失。

实训案例三　煎类菜肴

1. 香煎法式小牛排（Fillet de boeuf à la Française）

（1）原料

牛里脊中段500g，土豆泥丸子50g，时令蔬菜50g，原汁沙司、蘑菇沙司各适量，色拉油250g，雪利酒50mL，辣酱油适量，黄油100g，盐5g，红酒汁沙司25g，胡椒粉2g等。

图8-3　香煎法式小牛排

（2）工具

厨刀、平底锅、漏铲等。

（3）制作过程

①牛里脊中段切成约5cm长的段，用厨刀拍平，平摊在盘内，两面撒上盐和胡椒

粉，备用。

②平底锅用中火烧热，加入色拉油，放入处理好的牛里脊段，两面煎黄，七八成熟时加上黄油、雪利酒、辣酱油、红酒汁沙司颠翻几下。

③时令蔬菜煮熟，土豆泥丸子炸熟，装盘时上面浇上原汁沙司，盘边配上煮熟的时令蔬菜、炸熟的土豆泥丸子即可。上席时，盘上可加盖玻璃罩，蘑菇沙司用沙司斗装好即可，见图8–3（彩图60）。

（4）质量标准

色泽诱人，肉味鲜嫩。

2. 香煎大虾（Fried Prawn）

（1）原料

明虾20只，蘑菇100g，奶油沙司400g，白葡萄酒50mL，黄油100g，盐、胡椒粉各适量等。

图8–4　香煎大虾

（2）工具

平底锅、漏铲等。

（3）制作过程

①将明虾洗净，挑去沙肠，备用。

②蘑菇切花，将处理好的蘑菇、明虾一起放入平底锅，用黄油煎制，然后加入盐、胡椒粉和白葡萄酒，用中火焖，再加入奶油沙司烧开，装盘，配上装饰品即可，见图8–4（彩图61）。

（4）质量标准

色泽诱人，鲜嫩味美。

3. 煎土豆泥饼（Fried Mashed Potato Cakes）

（1）原料

土豆1kg，洋葱150g，胡椒粉1.5g，盐3g，黄油150g等。

图8–5　煎土豆泥饼

（2）工具

煮锅、平底锅、锅铲、厨刀等。

（3）制作过程

①土豆洗净，放煮锅煮熟，捞出，趁热碾成细泥，放入盛器。

②洋葱切碎，放入平底锅，用黄油炒香，加到土豆泥盛器中，与土豆泥、盐和胡椒粉拌匀，再用锅铲平压出一只只圆形饼。

③平底锅烧热，放入黄油，将土豆饼两面煎黄，取出装盘，装饰即可，见图8–5（彩图62）。

（4）质量标准

色泽金黄，外酥里糯。

4.煎鱼排（Pan Fried Fish）

（1）原料

鱼肉1kg，盐5g，胡椒粉2g，时蔬25g，黄油150g，奶油沙司100g等。

（2）工具

平底锅、锅铲、厨刀。

图8-6 煎鱼排

（3）制作过程

①鱼肉去刺去骨。

②处理好的鱼肉放在碗里，加入盐、胡椒粉，拌匀后放入平底锅，加黄油，中火煎熟即可。

③上桌前用时蔬稍作装饰，并配上沙司盅（盛奶油沙司），见图8–6（彩图63）。

（4）质量标准

色泽诱人，香松肥嫩。

5.米兰猪排（Pork Chop Milanese）

（1）原料

猪通脊肉1.5kg，鸡蛋5个，奶酪粉50g，面粉50g，盐2g，胡椒粉2g，百里香1g，色拉油适量等。

（2）工具

平底锅、锅铲、厨刀等。

图8–7 米兰猪排

（3）制作过程

①把猪通脊肉切薄片，用刀拍薄，撒上盐、胡椒粉。

②把奶酪粉、百里香和鸡蛋液混合均匀。

③处理好的猪通脊肉沾上面粉，再裹上混合好的鸡蛋液，用微火煎熟，配上装饰即可，见图8–7（彩图64）。

（4）质量标准

色泽金黄，鲜香软嫩。

四、铁扒

（一）概念

铁扒（Grill）是将加工成型的原料经腌渍调味后，放在扒炉上，扒出网状焦纹，并使食品达到规定成熟度的烹调方法。铁扒一般采用铁扒炉。该炉上有若干铁条，每根铁条直径约2cm，铁条间隙1.5cm～2cm宽，排列在一起。燃料常用木炭或煤气。烹制时，先在铁条上喷上或刷上食用油，然后将腌渍过的鸡扒、牛扒、猪扒、鱼扒等原料放在扒炉铁条上，先扒原料的一面，待其上色快熟时再扒原料的另一面。制作时通过移动原料控制火候。铁扒的传热介质是空气和金属，传热形式是热辐射与传导。

（二）特点

铁扒是用明火炙烤，温度高，能使原料表层迅速炭化而保留原料内部的水分，因此用这种烹调方法制作的菜肴带有明显的焦香味，且鲜嫩多汁。

（三）适用范围

铁扒是一种烹调温度高、时间短的烹调方法，适宜制作质地鲜嫩的原料，如牛外脊、鱼虾等。

（四）制作关键

（1）铁扒的温度范围一般为180℃～200℃。

（2）扒制较厚的原料时，要先用较高的温度扒上色，再降低温度扒熟。

（3）根据原料的厚度和客人要求的火候掌握扒制的时间，一般在5～10min。

（4）金属扒板、扒条要保持清洁，制作菜肴时要刷油。

实训案例四 扒类菜肴

1.黑椒扒牛排（Sirloin Steaks with Black Pepper Sauce）

（1）原料

西冷牛排4块（均约220g），黑胡椒碎15g，色拉油15g，黄油100g，蒜4瓣，洋葱半头，干葱2粒，西芹半根，布朗沙司250g等。

（2）工具

扒炉、平铲、厨刀、平底锅等。

（3）制作过程

①将黑胡椒碎压在西冷牛排表面，然后在处理好的牛排上刷上少量色拉油，放置约1h。洋葱、蒜、干葱以及西芹切粒备用。

②黄油放平底锅加热至融化，放入蒜、洋葱、干葱、西芹粒炒制，放入黑胡椒碎，小火炒2～3min，然后加入布朗沙司，烧沸后用小火煮约45min，制成黑椒汁。

③放部分黄油于扒炉，将处理好的牛排煎至适合程度，排于盘中，淋上黑椒汁即可。

（4）质量标准

色泽诱人，味汁浓郁。

2. 铁扒大虾时蔬（Grill Prawns with Fresh Vegetables）

（1）原料

大虾200g，白葡萄酒15mL，黑胡椒2g，洋葱半头，盐3g，各种蔬菜、色拉油适量等。

（2）工具

扒炉、平铲、厨刀等。

（3）制作过程

①洋葱切成条状，大虾用白葡萄酒、盐、黑胡椒和洋葱腌约30min。

②扒炉上稍放些油，煎烤虾和各种蔬菜，煎烤到适合程度装盘即可。

（4）质量标准

外酥内嫩，营养丰富。

五、煮

（一）概念

煮（Boil）是把食物原料浸入水或基础汤中，以微沸的状态将原料加工成熟的烹调方法。其传热介质是水等，传热方式是对流和传导。

（二）特点

由于煮用水或基础汤加热，因此成品菜肴口味清淡，充分保留了原料本身的鲜美滋味。

（三）适用范围

煮适用范围广泛，一般的蔬菜、肉类原料都可以用煮的方法加工制作。

（四）制作关键

（1）煮的温度一般保持在100℃。

（2）水与基础汤的用量略多些，应使原料完全浸没。

（3）要及时除去汤中的浮沫。

（4）煮制过程中一般不盖锅盖。

实训案例五　煮制菜肴

1. 芦笋奶油沙司（Asparagus with Bechamel Sauce）

（1）原料

新鲜芦笋30根，鸡蛋10个，奶油沙司150g，鸡汤750g，盐3g等。

（2）工具

汤锅、漏勺等。

（3）制作过程

①将鸡汤放入汤锅，加入盐，用大火烧沸，加入芦笋，烧沸即端锅离火，保温。

②将鸡蛋去壳，在开水锅中氽熟，做成水波蛋。

③装盘时，芦笋沥干水分，成组排放在盘中，上面放水波蛋，浇上奶油沙司即可。

（4）质量标准

鲜嫩爽滑，色泽美观。

2. 咸猪蹄酸菜（Boiled Pig's Trotter with Sauerkraut）

（1）原料

咸猪蹄1只，土豆500g，卷心菜10g，酸菜30g，香叶2片等。

（2）工具

煮锅、漏勺等。

（3）制作过程

①咸猪蹄洗净，刮净细毛，放入开水中氽一下后捞出，切块。煮锅加适量清水，淹没处理好的咸猪蹄，再加香叶和卷心菜，小火煮至咸猪蹄酥而不烂。

②土豆煮熟，酸菜焖熟，装盘时在猪蹄旁边放上即可，最后再浇上一些汤汁。

（4）质量标准

口味咸鲜，油而不腻。

六、焖

（一）概念

焖（Braise）是把加工成型的原料经初步热加工后再放入水或基础汤中使之成熟的烹调方法。焖以水等为传热介质，传热方式主要为对流和传导。

（二）特点

焖制菜肴由于加热时间长，因此具有软烂、味浓的特点。

（三）适用范围

焖适用范围广泛，主要适宜制作结缔组织较多的原料。焖制时间可根据原料的不同而有所不同。

（四）制作关键

（1）焖制前要用油进行初步加工处理。

（2）基础汤用量要适当。

（3）焖制后要用原料调制沙司。

实训案例六 焖制菜肴

1. 法式红焖牛肉（French Braised Beef）

（1）原料

牛腿肉1块（约1.5kg），胡萝卜2根，猪肥膘100g，香叶1片，洋葱1头，芹菜50g，番茄酱100g，油面酱25g，干红葡萄酒50mL，辣酱油15g，盐5g，胡椒粉1g，黄油50g，炒面条500g，青豆250g等。

（2）工具

焖锅、平底锅、锅铲、钢扦、厨刀等。

（3）制作过程

①牛腿肉洗净，用粗钢扦顺着牛肉的直纹穿几个洞，将胡萝卜和猪肥膘切成约0.5cm粗的条，分别插进肉洞。

②处理好的牛腿肉四面撒上盐和胡椒粉，下锅，用黄油将四面煎黄，取出后放入厚底焖锅。

③烧热平底锅，放入黄油，将胡萝卜、芹菜、洋葱、香叶炒香，再放番茄酱炒透，倒入牛肉焖锅。

④焖锅内再加入干红葡萄酒、辣酱油、适量清水，烧沸后用小火焖2～3h，随时注意将牛肉翻身，防止焖焦。

⑤牛肉焖酥后，切成厚片装盘，原汁用油面酱收稠，浇在牛肉上，盘边配上炒面条、青豆等。

（4）质量标准

肉质酥烂，香味浓郁。

2. 意式红焖猪排（Braised Pork Chop）

（1）原料

猪排（约1.5kg），胡萝卜25g，洋葱25g，芹菜25g，香叶1片，盐15g，胡椒粉1g，黄油100g，番茄酱50g，辣酱油25g，白葡萄酒50mL，牛肉清汤500g等。

（2）工具

焖锅、平底锅、锅铲、厨刀等。

（3）制作过程

①将猪排洗净，斩成两大段，撒上盐和胡椒粉备用。

②烧热平底锅，放入黄油，将处理好的猪排煎至上色后放入焖锅。

③在原平底锅内放入胡萝卜、洋葱、芹菜和香叶炒香，再加入番茄酱炒至枣红色，倒入焖锅，再往焖锅里加入辣酱油、白葡萄酒、牛肉清汤，先用大火烧开，再用小火焖约1.5h。

④装盘时，将猪排带肋骨切成厚片，浇上滤清的原汁，稍作装饰即可。

（4）质量标准

色泽鲜艳，味道醇厚。

3. 意大利鸡肝味饭（Chicken Liver Risotto）

（1）原料

鸡肝500g，大米500g，洋葱100g，盐3g，橄榄油100g，奶酪粉50g，黄油100g，鸡清汤1kg等。

（2）工具

平底锅、煮锅、漏铲、厨刀等。

（3）制作过程

①将大米淘洗干净后放入煮锅，加入鸡清汤，煮至八成熟；洋葱切碎，鸡肝切块。

②将平底锅烧热，放入橄榄油，将洋葱碎炒香，再放入鸡肝块炒熟，加盐调味。

③将处理好的洋葱碎、鸡肝块倒入煮锅，与米饭拌匀，加入适量鸡清汤和黄油，用小火焖至米饭软熟。饭熟后盛出装盘，撒上奶酪粉即可。

（4）质量标准

味道鲜美，软熟香糯。

七、烩

（一）概念

烩（Stew）是把加工成型的原料放入用相应原汁调成的浓沙司内加热成熟的烹调方法。烩的传热介质是水等，传热方式是对流与传导。根据烹调中使用的沙司，烩可分为红烩（加番茄酱）、白烩（用牛奶白汁）、黄烩（白烩中加入蛋黄糊）等不同类型。

（二）特点

烩制菜肴由于使用原汁和不同色泽的浓沙司，因此一般具有原汁原味、色泽美观的特点。

（三）适用范围

烩制菜肴加热时间较长，并且要先经过初步热加工，适宜制作的原料很广，各种动物性原料、植物性原料、质地较嫩的原料和较老的原料都可以烩制。

（四）制作关键

（1）沙司用量不宜多，以刚好覆盖原料为宜。

（2）烩制菜肴大部分要经过初步热加工。

（3）烩制的过程中要加盖子。

实训案例七　烩制菜肴

1.红烩牛肉（Stewed Beef）

（1）原料

牛肉1.5kg，番茄250g，培根200g，胡萝卜150g，白萝卜150g，芹菜100g，面粉50g，香叶2片，百里香2g，白胡椒粉2g，盐5g，干红葡萄酒100mL，色拉油250g，番茄酱100g，牛肉汤1kg，油面酱25g，青蒜100g等。

图8-8　红烩牛肉

（2）工具

汤锅、漏勺、平底锅、漏铲、厨刀等。

（3）制作过程

①先将牛肉切成块，放入沸水锅煮约5min，取出沥干，然后撒上盐、白胡椒粉，沾上面粉。

②平底锅中放油烧热，把处理好的牛肉块放入煎黄。加入切成段的胡萝卜、白萝卜、芹菜、青蒜，切成块的番茄、培根，以及香叶、百里香、盐、番茄酱、干红葡萄酒、适量牛肉汤和油面酱烩制，然后倒入大汤锅，加适量水，盖紧锅盖，用大火煮约1h，至牛肉成熟，盛出并装饰好，见图8-8（彩图65）。

（4）质量标准

色泽红艳，味香肥浓。

2.奶油烩鸡（Stewed Chicken with Bechamel Sauce）

（1）原料

仔鸡2.5kg，胡萝卜50g，芹菜50g，洋葱50g，香叶2片，色拉油150g，黄油50g，鲜奶油50mL，胡椒粉适量，盐5g，胡椒粒5粒，牛奶500mL，油面酱25g等。

（2）工具

汤锅、平底锅、漏铲、厨刀等。

（3）制作过程

①将仔鸡洗净，斩去头、爪、脊骨，带骨斩成50g左右的块，盛入盘内，撒上盐和胡椒粉。

②烧热平底锅，加油，将鸡块煎至两面呈嫩黄色，然后将煎好的鸡块放入汤锅，加蔬菜、香叶、胡椒粒、清水，大火烧热，撇去浮沫，转小火烩约30min。

③捞出鸡块，将原汤用洁净纱布滤清后倒回原锅，用大火煮沸，加入牛奶和油面酱，慢慢搅匀，制成稀的奶油沙司，再用洁净纱布过滤一次，加鲜奶油、熟鸡块，烧滚后再放些黄油，即可装盘。

④盘边可放各种配料。

（4）质量标准

色泽诱人，味鲜滑糯。

复习思考题

1. 简述西餐中食物热处理技术的分类方法。
2. 简述煎的概念、特点、适用范围和制作关键。
3. 简述炸的概念、特点、适用范围和制作关键。
4. 简述铁扒的概念、特点、适用范围和制作关键。
5. 简述煮的概念、特点、适用范围和制作关键。
6. 简述微波法的概念、特点和注意事项。
7. 如何理解肉类烹调方法？
8. 描述肉类烹调效果的指标有哪些？
9. 确定肉类烹调程度的方法有哪些？
10. 简述西餐调味的原则、作用及方法。

项目九　西式早餐与快餐

学习目标

- 了解西式早餐及其制作
- 掌握西式快餐及其制作

看电子书　　看PPT

任务一　西式早餐及其制作

一、西式早餐

西方非常重视早餐，他们认为早餐若吃得舒服，一整天都会感到愉快、满意。有些人甚至利用早餐时间，边吃边谈生意。西式早餐主要供应一些粗纤维少、营养丰富的食品，如各种蛋类、面包、饮料等。这些食品非常适宜作为早餐。

西式早餐一般可分为三种，一是美式早餐，二是欧式早餐，三是英式早餐。

西式早餐比较注重营养搭配，原料的选择要求粗纤维少、营养丰富。早餐食品主要有以下几类：果汁类、谷类、蛋类、面包类、其他饮料类、其他类。

（一）果汁类

果汁主要分为新鲜果汁及罐装果汁两种。另有一种炖水果，是将水果放入锅中，加适量水，小火煮至汤汁收干、水果质软制成的，食用时可用汤匙边刮边吃。

1. 新鲜果汁

新鲜果汁主要有葡萄柚汁、橙汁、菠萝汁、葡萄汁、苹果汁、番石榴汁等。

2. 罐装果汁

罐装果汁主要有蜜汁桃子、蜜汁杏子、蜜汁无花果、蜜汁梨子、蜜汁枇杷、什锦果盅等。

3. 炖水果

炖水果主要有炖无花果、炖李子、炖桃子、炖杏子等。

（二）谷类

谷类指由玉米、燕麦等制成的谷类食品，如玉米片、麦圈等，通常泡入牛奶中食用，可加白砂糖调味，有时还可加香蕉片、草莓或葡萄干等。此外，有燕麦粥等，食用时可加牛奶和糖调味。

（三）蛋类

蛋类根据制作方法分为煎蛋、煮蛋、炒蛋等，可选择火腿、腌肉、早餐肠作为配料，以盐、胡椒调味。此外，还有蛋卷，如普通蛋卷、火腿蛋卷、火腿乳酪蛋卷、西班牙式蛋卷、草莓蛋卷、果酱蛋卷、乳酪蛋卷、香菇蛋卷等。蛋卷通常用盐与辣酱调味，而不用胡椒，因为胡椒会使蛋卷硬化，也会留下黑斑。

（四）面包类

常见的面包类有玉米面包、玉米松饼、英国松饼、牛角面包、华夫饼、糖衣油煎圈、巧克力油煎圈、果酱油煎圈、素油煎圈、糖粉油煎圈、荞麦煎饼、枫糖浆煎饼、法式吐司、肉桂卷、丹麦小花卷等。

（五）其他饮料类

其他饮料类指咖啡或茶等不含酒精的饮品（果汁除外）。

（六）其他类

如香肠、火腿、培根、黄油、果酱等。

二、西式早餐制作

实训案例一　蛋类菜肴

1. 带壳水煮蛋（Boiled Eggs in the Shell）

通常，鸡蛋在煮制过程中有三分熟、五分熟、全熟之分。

（1）原料

鸡蛋4个，白醋3汤匙，水500mL，盐2茶匙等。

（2）工具

锅、漏勺、计时器等。

（3）制作过程

图9-1　带壳水煮蛋

①室温放置鸡蛋，在气室一端刺一小孔，以避免煮时鸡蛋爆裂。

②锅中加水、白醋和盐烧开，将处理好的鸡蛋放入沸水中，以计时器计时，煮至所需成熟度捞出即可，一般来说，3min蛋黄未凝固；5min蛋黄半凝固；10～12min蛋黄凝固。

③冲冷水后剥去蛋壳，处理好放入盘中即可，见图9-1（彩图66）。

（4）质量标准

成熟有度，味道新鲜。

2.荷包蛋（Poached Eggs）

荷包蛋是将去壳的蛋在65℃～85℃的热醋水中烫熟制成的，一般来说，3min蛋黄呈流体，5min蛋黄呈半凝固状，8min蛋黄呈凝固状。

（1）原料

鸡蛋1个，白醋2汤匙，水250mL，盐1茶匙等。

（2）工具

锅、计时器、漏勺等。

（3）制作过程

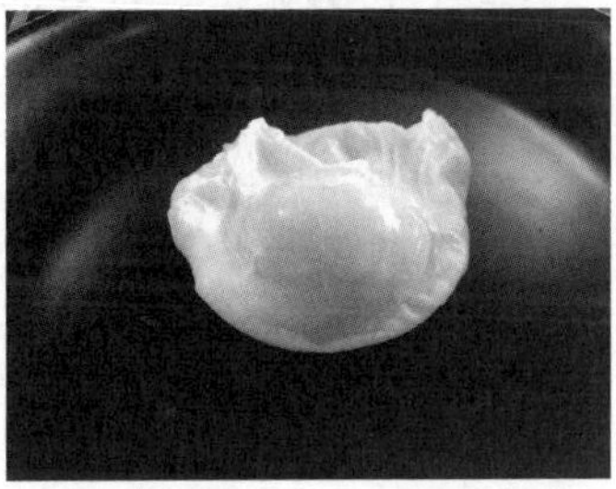

图9-2　荷包蛋

①锅中加水，烧到约80℃，加盐、白醋，将鸡蛋打到小碗中，然后顺着锅边倒入微沸的水中。

②用计时器判断成熟度，然后用漏勺捞出即可，见图9-2（彩图67）。

（4）质量标准

质地软嫩，成熟有度。

3.炒鸡蛋（Scrambled Eggs）

（1）原料

鸡蛋6个，鲜奶油2汤匙，盐1茶匙，白胡椒粉1/4茶匙，色拉油或黄油（融化）3汤匙等。

（2）工具

锅、碗、木匙等。

（3）制作过程

图9-3　炒鸡蛋

①将鸡蛋打入碗中，加入鲜奶油、盐、白胡椒粉后

拌匀。

②锅烧热后倒入色拉油或黄油，然后倒入拌好的鸡蛋液，以木匙搅拌，炒至所需成熟度即可，盛出装盘后可做装饰，见图9–3（彩图68）。

（4）质量标准

质地柔嫩，口感香润。

4. 煎蛋（Fried Eggs）

煎蛋一般分为单面（One Side）煎和双面（Both/Double Sides）煎等。双面煎分为：微熟，蛋黄尚可流动；中等熟或半熟，蛋黄半凝固；全熟，蛋黄全熟。

（1）原料

鸡蛋6个，盐1茶匙，色拉油或黄油（融化）3汤匙等。

（2）工具

平底锅、碗、漏铲等。

（3）制作过程

图9–4　煎蛋

①鸡蛋洗净，取其中一只，打入碗中。

②平底锅烧热，打好的鸡蛋倒入锅中，根据需要将蛋煎熟即可，见图9–4（彩图69）。

③其他鸡蛋操作方法与上相同。

（4）质量标准

色泽诱人，口感软嫩。

5. 煎蛋卷（Omelet）

（1）原料

鸡蛋6个，鲜奶油3汤匙，盐1茶匙，白胡椒粉1/4茶匙，色拉油或黄油（融化）3汤匙等。

（2）工具

平底锅、碗、木匙等。

图9–5　煎蛋卷

（3）制作过程

①将洗净的鸡蛋打入碗中，加入鲜奶油、盐、白胡椒粉后拌匀。

②平底锅烧热，倒入拌好鸡蛋液。

③在蛋液未完全凝固前，用木匙将蛋液推至锅边，至蛋液凝固，再翻折成半圆状即可，见图9–5（彩图70）。

（4）质量标准

形似月牙，质地柔嫩。

实训案例二 煎土豆饼（Hash Browns）

1. 原料

土豆2个，洋葱碎2汤匙，培根碎2汤匙，盐1茶匙，白胡椒粉1/4茶匙，黄油（融化）3汤匙等。

图9–6 煎土豆饼

2. 工具

平底锅、木铲、厨刀等。

3. 制作过程

①将土豆煮熟去皮，切成丝状，加入洋葱碎、培根碎、盐、白胡椒粉拌匀。

②平底锅烧热，加入黄油，再加入拌好的土豆丝，边煎边压，使之呈饼状，待一面煎黄后再煎另一面，成品见图9–6（彩图71）。

4. 质量标准

外焦里嫩，松软酥香。

技能拓展

一、煎番茄（Fried Tomatoes）

1. 原料

番茄2个，干淀粉2汤匙，鸡蛋2个，盐1茶匙，白胡椒粉1/4茶匙，黄油（融化）3汤匙等。

2. 工具

平底锅、木铲、刀、碗、平盘等。

3. 制作过程

（1）将番茄洗净，去蒂，切成厚约1cm的片，撒上盐和白胡椒粉调味；鸡蛋打入碗中，打散。

（2）将干淀粉放入平盘中，番茄片两面均沾满干淀粉。

（3）平底锅烧热，放入黄油，沾有干淀粉的番茄片裹上鸡蛋液，放入锅中煎至两面金黄即可，注意，一面煎好后用木铲翻面再煎另一面。

4. 质量标准

色泽金黄，外酥内嫩。

二、薄饼（Crepe）

1. 原料

面粉125g，鸡蛋2个，糖15g，黄油50g，温牛奶25mL等。

2. 工具

平底锅、木铲、汤勺、碗等。

3. 制作过程

（1）把牛奶、鸡蛋、糖、面粉放在碗里拌匀，直到没有干面粉。

（2）平底锅烧热后放入黄油，用汤勺舀入面糊，一面煎好后再用木铲翻面煎另一面。

（3）食用时，可包上馅料或淋上蜂蜜。

4. 质量标准

色泽金黄，口感软韧。

三、法式吐司（French Toast）

1. 原料

白吐司1片，鲜牛奶200mL，鸡蛋2个，白砂糖1大匙，黄油（融化）两大匙，香草精数滴，草莓酱汁25g，薄荷叶1枝，糖粉3g，草莓适量等。

2. 工具

平底锅等。

3. 制作过程

（1）先将鲜牛奶、鸡蛋、白砂糖拌匀，再加入香草精，拌匀成蛋汁。

（2）白吐司片对角斜切成三角形，再将切好的吐司片浸泡在蛋汁中，让吐司片吸收蛋汁至五分饱和左右的状态。

（3）黄油放入平底锅中，然后放入处理好的吐司片，煎至两面金黄即可。

（4）将煎好的吐司片放入盘中，淋上草莓酱汁，再放上草莓（适量），最后以薄荷叶及糖粉稍作装饰即可。

4. 质量标准

色泽诱人，外酥内软。

四、烤面包（Toast）

1. 原料

吐司2片，黄油（融化）1汤匙等。

2. 工具

烤面包机、抹刀等。

3. 制作过程

吐司片抹上黄油，放入烤面包机中，烤至两面金黄即可。

4. 质量标准

色泽金黄，外酥内软。

五、华夫饼（Waffles）

1. 原料

鸡蛋2个，牛奶150mL，黄油（融化）2汤匙，糖1汤匙，盐1g，面粉75g，泡打粉1茶匙等。

2. 工具

华夫饼机等。

3. 制作过程

（1）将牛奶、鸡蛋、糖放入碗中，搅拌至糖化，加入面粉、泡打粉、盐和部分黄油。

（2）烤盘刷上黄油（部分），倒入适量的面糊，然后烤至两面金黄即可。食用时可佐以枫糖浆或蜂蜜。

4. 质量标准

色泽金黄，香软可口。

六、煎饼（Pancake）

1. 原料

低筋粉120g，鸡蛋2个，色拉油2大匙，牛奶120mL，糖2大匙，盐1/4小匙，泡打粉1小匙等。

2. 工具

平底锅、打蛋器等。

3. 制作过程

（1）鸡蛋打散，加入糖、盐，打至糖化、盐化。

（2）在打好的鸡蛋液中加入色拉油、牛奶拌匀，筛入低筋粉和泡打粉，拌成光滑面糊，放置约10min。

（3）平底锅加热，放很少的油润一下，淋约1/10的面糊到锅的正中间，让它自然摊开成圆饼状，等表面出现大气泡，轻轻翻面，煎至两面金黄即可。

（4）食用时，可撒上糖粉或淋上枫糖浆。

4. 质量标准

色泽金黄，香甜可口。

任务二　西式快餐及其制作

西餐中的快餐食品是指能在短时间内提供给客人的各种方便菜点。各种快餐食品大都在咖啡厅、酒吧等供应。

一、西式快餐

西式快餐初创于20世纪初的美国，当时仅限于在餐厅内出售一些汉堡包类的快餐食品，真正的发展出现在20世纪50年代，第二次世界大战后，美国经济复苏推动了餐饮业的发展，为了适应加快的工作与生活节奏，以及人们饮食观念与需求的改变，西式快餐高速发展。西式快餐具有制售快捷、食用便利、服务简便、质量标准、价格低廉等特点，逐渐风靡世界。20世纪80年代，随着中国改革开放，西式快餐企业大举进军中国市场，并取得了骄人的成绩。

二、西式快餐制作

可作为快餐供应的西式菜点很多，凡是制作简便或可以提前预制的菜点都可以作为快餐食品供应。西式快餐常见制品主要有三明治、汉堡包、比萨、意大利面、热狗等。

（一）三明治

三明治源于英国的三明治镇，据说，此镇有一位伯爵，很爱玩牌，玩起牌来废寝忘食，那里的厨师为迎合主人，自制了一些面包夹肉的食品供伯爵边玩牌边吃，深得伯爵喜欢。由于这种食品制作简单、营养丰富，又便于携带，因此很快在各地流传开来，逐渐发展成为一种快餐食品。

实训案例一　三明治

1. 火腿三明治（Ham Sandwich）

（1）原料

方面包片2片，火腿50g，黄油10g等。

（2）制作过程

①火腿切片，将黄油抹在面包片上，再将火腿片夹在2片面包中间。

图9–7　火腿三明治

②用刀将面包四边的硬皮切去，再从中间斜切成大小相同的两块即可，还可制作得更加丰富，如夹上煎蛋，配上沙拉、菜叶等，见图9–7（彩图72）。用同样的方法可以制作起司三明治、烤牛肉三明治、鸡肉三明治等。

2. 总会三明治（Club Sandwich）

（1）原料

方面包片3片，沙拉酱15g，熟火腿10g，鸡蛋1个，熟鸡肉片20g，西红柿片20g，生菜叶少量，色拉油适量等。

（2）制作过程

①将3片方面包片烤成金黄色，涂上沙拉酱。

②将熟火腿切成2片，鸡蛋打散，用色拉油煎熟。

③取1片烤好的方面包片，在上面铺上生菜叶、熟鸡肉片、西红柿片，再放上第2片烤好的方面包片，然后将切好的熟火腿片、煎好的鸡蛋码在第2片方面包片上，最后盖上第3片方面包片，用手稍压。

④用刀切去面包四周硬皮，再对角切成两块，在每块上插一根牙签进行固定即可。

3. 金枪鱼三明治（Tuna Sandwich）

（1）原料

方面包片3片，黄油10g，熟金枪鱼肉75g，千岛汁、生菜叶适量等。

（2）制作过程

①将方面包片两面烤成金黄色，抹上黄油。

②取1片烤好的方面包片，在上面铺上部分生菜叶、部分熟金枪鱼肉、部分千岛汁，再放上第2片烤好的方面包片。

③再在第2片烤好的方面包片上放上余下的生菜叶、熟金枪鱼肉、千岛汁，盖上第3片烤好的方面包片。

④用刀切去面包四周硬皮，再切成2块或4块，插上牙签进行固定即可。

（二）汉堡包

汉堡包源于德国的城市汉堡，据说，当地的人常用剁碎的牛肉和面粉做肉饼，后来德国移民将汉堡肉饼的烹制技艺带到美国，逐渐与三明治相结合，即将肉饼夹在2片面包片中一同食用，形成汉堡包。

实训案例二　汉堡包

1. 奶酪汉堡包（Cheeseburger）

（1）原料

牛肉末650g，白面包75g，沙拉酱25g，汉堡面包4个，起司片4片，牛奶25mL，盐、胡椒粉适量、色拉油适量等。

（2）制作过程

①将白面包用清水泡软，挤干水分，放入牛肉末内，加入盐、胡椒粉、牛奶拌匀，

制成4个肉饼，用油煎熟。

②取1个汉堡面包，从中间片开，涂上适量沙拉酱，夹上1个煎熟的肉饼，再放上1片起司片，1个奶酪汉堡包生坯就制作好了，其他3个制作方法与之相同，最后放入烤炉烤透即可。

③上菜时，可配上炸土豆条和时令蔬菜。

2. 牛柳汉堡包（Beef Fillet Burger）

（1）原料

①主料：汉堡面包4个，牛里脊肉600g，瑞士奶酪150g，生菜叶50g，番茄片50g，酸黄瓜片25g，黄油20g，盐、胡椒粉适量等。

②配菜：炸土豆条、蔬菜沙拉等。

图9–8　牛柳汉堡包

（2）制作过程

①将汉堡面包分为两半，切面涂上黄油，放在加热好的扒板上，将切面扒至上色，取其中一半做底层面包，摆好。

②将牛里脊肉分成4份，加工成圆饼状，用盐、胡椒粉调味，放在扒炉上扒至所需成熟度。

③将生菜叶、番茄片、酸黄瓜片放在底层面包上。

④在扒好的牛肉饼上放上瑞士奶酪，然后将其放入明火焗炉加热，至奶酪融化。

⑤将焗好的奶酪牛肉饼放在摆好蔬菜的底层面包上，再盖上另一半扒好的面包。

⑥上菜时可分盘装，一盘一个，另可配上炸土豆条、蔬菜沙拉等，见图9–8（彩图73）。

3. 鸡腿汉堡包（Chicken Burger）

（1）原料

鸡腿750g，鸡蛋1个，沙拉酱25g，汉堡面包6个，生菜叶6片，番茄片12片，油、面粉、盐、胡椒粉适量等。

图9–9　鸡腿汉堡包

（2）制作过程

①将鸡腿去骨，用盐、胡椒粉腌制，沾上面粉、裹上鸡蛋液后用油煎熟。

②将汉堡面包分为两半，放在加热好的扒板上将切面扒至上色，取其中一半做底层面包，摆好。

③将生菜叶、番茄片、煎好的鸡腿放在底层面包上，抹上沙拉酱，再盖上另一半扒好的面包即可，上菜时可分盘装，一盘一个，另可配装饰，见图9–9（彩图74）。

（三）比萨

实训案例三　比萨

1. 夏威夷比萨（Hawaiian Pizza）

（1）原料

图9–10　夏威夷比萨

①软皮比萨面：面粉200g，酵母6g，牛奶140mL，白砂糖、盐各适量等。

②馅料：里脊火腿75g，菠萝罐头100g，番茄沙司30g，奶酪粉50g，番芫荽适量。

（2）制作过程

①面粉、牛奶、酵母、白砂糖、盐混合，制成面团。

②面团发酵后，分成两份并揉圆。

③待面团稍膨胀后，用手将其压制成四周略厚的圆饼。

④将里脊火腿、菠萝分别切成扇形片。

⑤番茄沙司加入适量的菠萝罐头汁，上火煮至浓稠。

⑥在压好的圆饼表面涂上煮好的番茄菠萝汁，码上切好的里脊火腿片、菠萝片，撒上奶酪粉。

⑦放入约200℃的烤箱内，烘烤15～20min，至面皮香脆、奶酪融化，最后点缀上番芫荽即可，见图9–10（彩图75）。

2. 海鲜比萨（Seafood Pizza）

（1）原料

图9–11　海鲜比萨

①硬皮比萨面：面粉120g，牛奶70mL，黄油15g，盐适量等。

②馅料：蟹肉250g，熟虾肉375g，培根4片，番茄沙司50g，青椒丝30g，洋葱碎40g，奶酪粉250g，阿里根奴香草适量。

（2）制作过程

①面粉过筛，加入黄油、盐及牛奶，制成面团，将面团揉至上“筋”、表面光滑。

②培根用油煎至香脆，控去油脂备用。

③将揉好的面团擀制成薄的圆饼状，放入比萨饼模内，表面刷上番茄沙司，撒上洋葱碎、青椒丝、蟹肉、熟虾肉、奶酪粉和阿里根奴香草。

④放入约200℃的烤箱内烘烤15～20min，至比萨表面上色、奶酪粉融化即可，见图9–11（彩图76）。

（四）意大利面

意大利面条据传源于中国的面条，是马可·波罗带到意大利的，后经数百年的改良与发展，形状产生了诸多变化。意大利面调制简单，滋味可口，不但可以作为主菜或配菜，也适合作为快餐食品。

实训案例四　意大利面

1. 肉酱意面（Spaghetti Bolognaise）

（1）原料

意大利直面600g，牛肉末400g，橄榄油75g，番茄300g，洋葱50g，番茄酱50g，胡萝卜40g，烧汁100g，香料包（香叶、百里香、番芫荽）、盐、胡椒粉适量等。

图9–12　肉酱意面

（2）制作过程

①将洋葱、胡萝卜切成碎末，用橄榄油炒香，炒至呈茶褐色。

②加入牛肉末，用小火慢慢将牛肉末炒干，炒至呈茶褐色。

③加入去皮、去籽、切成粒的番茄，待番茄软烂后加入番茄酱炒透，使色泽变红。

④加入烧汁、香料包、盐、胡椒粉，小火煮至微沸，待汁变得浓稠后取出香料包。

⑤将意大利直面用盐水煮熟，放入盘内，浇上制作好的肉酱即可，见图9–12（彩图77）。

2. 米兰式通心粉（Milan Style Macaroni）

（1）原料

意式通心粉100g，奶酪粉25g，黄油25g，洋葱碎、胡萝卜碎、西芹碎、蒜泥各适量，番茄沙司125g，牛肉末10g，盐、胡椒粉各适量等。

图9–13　米兰式通心粉

（2）制作过程

①意式通心粉用盐水煮至八成熟，控干水分。

②用黄油将洋葱碎、胡萝卜碎、西芹碎、蒜泥炒香，放入牛肉末炒匀，再加入番茄沙司和少量水，煮成肉酱。

③用肉酱将意式通心粉炒匀，用盐、胡椒粉调味，再撒上奶酪粉即可，见图9–13（彩图78）。

（五）热狗

热狗最早起源于美国，是一种面包夹泥肠类的方便食品。因其是在白色的面包内夹一根红色泥肠，故名热狗。热狗除了在面包内夹泥肠外，还可以夹生菜、西红柿、黄瓜、番茄沙司、奶酪等。

实训案例五　热狗

（1）原料

热狗面包1个，热狗泥肠1根，沙拉酱、番茄沙司、生菜叶、洋葱圈、油适量等。

图9–14　热狗

（2）制作过程

①将热狗泥肠放入热油中稍炸。

②将热狗面包从侧边片开（一边连接），抹上沙拉酱。

③夹上生菜叶，放上炸好的热狗泥肠，挤上番茄沙司，再装饰上洋葱圈等即可，见图9–14（彩图79）。

复习思考题

1. 简述西式早餐的分类及各类内容。
2. 西式早餐蛋类中，煎蛋卷的制作过程是什么？
3. 西式早餐中其他热食的种类有哪些？
4. 西式快餐常见制品有哪些？

附录　专业术语中英文对照

一、西餐用料中英文对照表

（一）蔬菜

英文名称	中文名称	英文名称	中文名称
aloe	芦荟	dried bamboo shoot	笋干
asparagus	芦笋	dried lily flower	金针菜
asparagus lettuce	莴笋	eggplant	茄子
bamboo shoot	竹笋	enoki mushroom	金针菇
bean sprout	豆芽	fennel	茴香
bitter gourd	苦瓜	garlic sprout	蒜苗、蒜薹
black mushroom	香菇、冬菇	gherkin	醋泡小黄瓜
bok choy	小白菜	green pepper	青椒
cabbage	卷心菜	green soybean	毛豆
cabbage mustard	芥蓝	hair-like seaweed	发菜
cane shoot	茭白	hot pepper，chili	辣椒
carrot	胡萝卜	kale	羽衣甘蓝
cauliflower	花菜	kidney bean	芸豆
celery	芹菜	laver	紫菜
Chinese cabbage	大白菜	leek	韭菜
chive	细香葱	lily	百合
coriander	香菜	long crooked squash	菜瓜
corn	玉米	lotus root	莲藕
cress	水芹	lotus seed	莲子
cucumber	黄瓜	luffa	丝瓜
daikon	白萝卜	marrow	西葫芦

续表

英文名称	中文名称	英文名称	中文名称
marrow bean	菜豆（粒）	spinach	菠菜
mater convolvulus	空心菜	straw mushroom	草菇
mushroom	蘑菇	string bean	四季豆
mustard leaf	芥菜（叶）	summer radish	水萝卜
onion	洋葱	sweet pepper	甜椒
pea	豌豆（粒）	sweet potato	红薯
potato	土豆	taro	芋头
pumpkin	南瓜	tomato	番茄
radish	小萝卜	turnip	芜菁
romaine	生菜	water caltrop	菱角
salted vegetable	咸菜、腌菜	water chestnut	荸荠
shepherd's–purse	荠菜	water shield	莼菜
snow pea	荷兰豆	white fungus	银耳
soybean	黄豆（粒）	white gourd	冬瓜
soybean sprout	黄豆芽		

（二）肉禽蛋

英文名称	中文名称	英文名称	中文名称
beef	牛肉	chicken heart	鸡心
beef finger meat	牛肋条	chicken liver	鸡肝
beef flank	牛腩	chicken middle joint wing	鸡翅中
beef lip	牛唇肉	chicken neck	鸡脖子
beef omasum	牛百叶	chicken paw	凤爪
beef short loin	牛前腰脊肉	chicken thigh	鸡大腿
beef tongue	牛舌	chicken wing tip	鸡翅尖
beef tripe	牛肚	chitterlings	猪小肠
chicken	鸡肉	drumette	鸡翅根
chicken breast	鸡胸肉	drumstick	琵琶腿
chicken gizzard	鸡胗	duck meat	鸭肉

续表

英文名称	中文名称	英文名称	中文名称
ear flap	耳片	pork heart	猪心
egg	蛋	pork tongue	猪舌
flexor tendon	前蹄筋	pouch stomach	整肚
ham	火腿	rib	肋骨、排骨
hind tendon	后蹄筋	ribeye，cube roll	肋眼、里脊
honeycomb tripe	金钱肚	short plate	胸腹肥牛
joint wing	鸡全翅	short rib	带骨牛小排
kidney	腰子	sirloin	牛里脊肉、牛上腰肉
mutton	羊肉	soft bone	软骨
oxtail	牛尾	split stomach	片肚
oyster blade	板腱、嫩肩肉	tail	尾巴
pastrami	熏牛肉	T-bone steak	T骨牛排
pig trotter	猪蹄	tenderloin	里脊肉（最嫩的部位）
pork	猪肉	turkey	火鸡肉
pork chop	猪排	whole wing	整翅

（三）水产品

英文名称	中文名称	英文名称	中文名称
black tiger shrimp	黑虎虾	field snail	田螺
butterfish	鲳鱼	fish	鱼
carp	鲤鱼	geoduck	象拔蚌
chum salmon	大马哈鱼	green lipped mussel	绿唇贻贝
cockle	小贝肉	Greenland halibut	格陵兰比目鱼
cod roe	鳕鱼子	hake	无须鳕鱼
coldwater shrimp	北极甜虾、冷水虾	halibut	大比目鱼
conger eel	海鳗	herring	鲱鱼
crab	螃蟹	herring roe	鲱鱼子
crayfish	小龙虾	king prawn	大虾
dungeness crab	珍宝蟹	lobster	龙虾

续表

英文名称	中文名称	英文名称	中文名称
mussel	蚌	salmon	三文鱼、鲑鱼
New Zealand sea bass	新西兰海鲈	scallop	扇贝
octopus	章鱼	sardine	沙丁鱼
oyster	牡蛎	sea bass	海鲈
Pacific cod	真鳕、太平洋鳕鱼	sea bream	海鲷
Pacific herring	太平洋鲱鱼	sea trout	海鳟
Pacific mackerel	太平洋鲭鱼	shrimp	小虾
shelled shrimp	虾仁	skate wing	老板鱼
pink salmon	粉红鲑	squid	鱿鱼
plaice	比目鱼、鲽鱼	trout	鳟鱼
prawn	对虾	tuna	金枪鱼
red mullet	红鲣	walleye pollock	白眼狭鳕
redfish	红鱼	whelk	海螺
reeves shad	鲥鱼	white shrimp	白虾
rock sole	岩鲽	yellow croaker	黄花鱼

（四）水果

英文名称	中文名称	英文名称	中文名称
apple	苹果	fig	无花果
apricot	杏	grape	葡萄
avocado	鳄梨、牛油果	grapefruit	葡萄柚
banana	香蕉	guava	番石榴、芭乐
blood orange	血橙	lemon	柠檬
blueberry	黑莓	loquat	枇杷
cherry	樱桃	mango	杧果
coconut	椰子	medlar	欧楂果

续表

英文名称	中文名称	英文名称	中文名称
mulberry	桑椹	plum	李子
orange	橙子	pomegranate	石榴
papaya	木瓜	prickly pear	仙人掌果
peach	桃	strawberry	草莓
pear	梨	tangerine	橘子
persimmon	柿子	watermelon	西瓜
pineapple	凤梨		

（五）饮品

英文名称	中文名称	英文名称	中文名称
beer	啤酒	rum	朗姆酒
black tea	红茶	soda water	苏打水
brandy	白兰地酒	soft drink	汽水
canned beer	罐装啤酒	stout beer	黑啤酒
champagne	香槟	tequila	龙舌兰酒
cocktail	鸡尾酒	vodka	伏特加
draft beer	桶装啤酒、生啤酒	whisky	威士忌
milk shake	奶昔	coffee	咖啡
mineral water	矿泉水	white wine	白葡萄酒
red wine	红葡萄酒		

（六）调味

英文名称	中文名称	英文名称	中文名称
allspice	牙买加胡椒	cardamom powder	豆蔻粉
barbeque sauce	烧烤汁	celery powder	香芹粉
basil	罗勒叶	cinnamon	肉桂
black pepper sauce	黑（胡）椒汁	cinnamon powder	肉桂粉
castor sugar	细白砂糖	cloves powder	丁香粉
caviar	鱼子酱	curry	咖喱
cardamom	豆蔻干籽	dill leaf	莳萝叶

续表

英文名称	中文名称	英文名称	中文名称
dried ginger	干姜	peanut oil	花生油
garlic	蒜	rock sugar	冰糖
ginger	生姜	rosemary leaf	迷迭香叶
granulated sugar	白砂糖	sage powder	鼠尾草粉
lard	猪油	salt	盐
lemon pepper sauce	柠檬胡椒调味酱	scallion	青葱、大葱
maltose	麦芽糖	soy sauce	酱油
masala	马萨拉	star anise	八角
mashed garlic sauce	蒜蓉酱	sugar	糖
mint leaf	薄荷叶	thyme	百里香
mixed pepper	混合胡椒	tomato ketchup, tomato sauce	番茄酱
monosodium l-glutamate	味精	vanilla powder	香草粉
mustard	芥末（酱）	vinegar	醋
paprika	红辣椒粉	white sesame seed	白芝麻粒

（七）乳制品

英文名称	中文名称	英文名称	中文名称
butter	黄油	milk	牛奶
cheddar cheese	车达奶酪	mozzarella cheese	马苏里拉奶酪
cheese	奶酪	parmesan cheese	帕尔马干酪
cream	鲜奶油	smoked cheese	烟熏奶酪
cream cheese	奶油奶酪	yogurt	酸奶
evaporated milk	炼乳		

二、厨房用具中英文对照表

英文名称	中文名称	英文名称	中文名称
bowl	碗	cutting board	案板
Chinese wok	中式炒锅	egg whisk	打蛋器

续表

英文名称	中文名称	英文名称	中文名称
electric range	电灶、电炉	sauce pan	带盖、有一长柄或两耳的深煮锅
cutlery rack	餐具架	skimmer spoon	漏勺
fork	叉子	soup ladle	长柄大汤勺
gas cooker	燃气炉	spatula	铲子
microwave（oven）	微波炉	steamer pot	蒸锅
plate	盘子	stove	炉子
pressure cooker	高压锅		

三、烹调方法中英文对照表

英文名称	中文名称	英文名称	中文名称
bake	（用烤箱）烘烤	roast	烤（肉类）
deep fried	炸	smoked	熏
fried	煎	steam	蒸
grilled	焗、用烤架烤	stew	炖
pan fried	用平底锅煎	stir fried	炒

四、加工技法中英文对照表

英文名称	中文名称	英文名称	中文名称
carve	雕刻	pare	削皮
chop	剁	piece	片
cut	切		

五、口感、质感中英文对照表

英文名称	中文名称	英文名称	中文名称
bitter	苦	raw	生的
medium	五分熟	sour	酸
medium rare	三分熟	sweet	甜
medium well	七分熟	well done	全熟
rare	一分熟		

六、菜单相关用语中英文对照表

英文名称	中文名称	英文名称	中文名称
à la carte	零点菜单	late-night snack	宵夜
apéritif	开胃酒	lunch	午餐
bread	面包	meat	肉
breakfast	早餐	omelet	煎蛋卷
buffet	自助餐	pasta	意大利面（食）
cake	蛋糕	pizza	比萨
chef's special	主厨推荐	poultry meet	家禽肉
chowder	海鲜杂烩汤	salad	沙拉
consommé	特制清汤	sandwich	三明治
continental cuisine	欧式西餐	sauce	沙司、调味汁
cream soup	奶油浓汤	seafood	海鲜
dessert	甜点	set menu	套餐
dinner	正餐	soup	汤
fast food	快餐	specialty	招牌菜
French cuisine	法国菜	steak	牛排
French roll	法式小面包	sundae	圣代冰激凌
fresh fruit	新鲜水果	tea time	下午茶
ice cream	冰激凌	today's special	今日特选菜肴

七、常用岗位用语中英文对照表

英文名称	中文名称	英文名称	中文名称
baker	面包师	kitchen porter	勤杂工
cake chef	蛋糕师	manager	经理
chef	厨师长	sous chef	副厨师长
cook	厨师	supervisor，director	主管
demi chef	领班、高级厨师	waiter	男服务员
executive chef	行政主厨	waitress	女服务员
kitchen helper	帮厨	warehouse supervisor	仓库主管

参考文献

［1］董秀兰．西餐烹调基础［M］．4版．北京：中国劳动社会保障出版社，2015.
［2］李祥睿．西餐工艺［M］．北京：中国纺织出版社，2008.
［3］高海薇．西餐烹调工艺［M］．北京：高等教育出版社，2005.